AF309569

ÉTUDES TECHNIQUES

PROCÉDÉ ANDRÉ-LANCIEN

LABORATOIRES DE CHIMIE
ET PHYSIQUE BIOLOGIQUES

COMPLET

EX-INTERNE ET CHEF DE LABORATOIRE
DES HÔPITAUX DE PARIS

8, Avenue Hoche, PARIS

SOMMAIRE

	Page
INTRODUCTION	1
PRÉPARATION DES COLLOIDES ARTIFICIELS	2
COMPARAISON DES DIVERS COLLOÏDES.	
Colloïdes chimiques	3
— électriques (procédé Bredig)	4
— — (procédés A. Lancien)	5
PROPRIÉTÉS DES COLLOÏDES LANCIEN	6
ACTION THÉRAPEUTIQUE DES COLLOÏDES	7
RÉSULTATS CLINIQUES.	
Infections puerpérales	10
Pneumonies et grippes	17
Fièvres typhoïdes	21
Scarlatines	25
Méningites	26
Péritonites	27
Tuberculose	31
Phlegmons, etc.	33
Leucémie	35
Otite	35
Rhumatismes	36
Affections diverses	37
PHARMACOLOGIE	38
POSOLOGIE	39

COLLOÏDES A ACTION SPÉCIFIQUE

	Page
SÉLÉNIUM ET SÉLÉNIUM A. COLLOÏDAL	40
ACTION DU SÉLÉNIOL	41
TOXICITÉ	44
APPLICATIONS THÉRAPEUTIQUES DU SÉLÉNIOL	45
Cancers du sein	45
— cutanés	49
— de la langue	49
— de l'œsophage	52
— de l'estomac	52
— du pylore et de l'intestin	55
— du rectum	55
— de l'utérus	56
PHARMACOLOGIE ET POSOLOGIE	57

LES

Métaux Colloïdaux Électriques [1]

PROCÉDÉS ANDRÉ LANCIEN

. . . .

INTRODUCTION

Un certain nombre de publications scientifiques parues depuis un an et demi ont attiré de nouveau l'attention des physiciens et des médecins sur les métaux colloïdaux et ont redonné à cette thérapeutique, inaugurée en 1897, une nouvelle actualité. Deux ordres de faits distincts, les uns dans le domaine physique, les autres dans le domaine médical, ont motivé ce mouvement d'intérêt : d'une part, un nouveau procédé de préparation des métaux et métalloïdes à l'état colloïdal a été présenté à l'Académie des sciences par le Professeur d'Arsonval au nom de M. André Lancien (2), et d'autre part des solutions colloïdales nouvelles (*Sélénium, Iode, Cuivre*) ont été préconisées dans le traitement de diverses maladies (*Cancer, Tuberculose*).

Ainsi donc la thérapeutique fait des emprunts de plus en plus nombreux à la science théorique et toute nouvelle méthode physique, tout perfectionnement, toute simplification, est appelé à avoir immédiatement des applications médicales importantes. Il est par conséquent naturel que le corps médical s'intéresse vivement aux dernières publications précitées et il est même nécessaire que le praticien puisse confronter les différentes méthodes de préparation des colloïdes, contrôler les assertions plus ou moins intéressées des uns et des autres, puis chercher à la lumière des faits cliniques la confirmation des idées théoriques et les raisons de donner dans la pratique la préférence aux colloïdes préparés par l'un ou l'autre des procédés en présence. De plus, il est nécessaire que les Laboratoires qui s'adonnent à la préparation de ces corps indiquent aux médecins les détails des techniques qu'ils emploient, leur disent sur quoi se base chacune de leurs affirmations et

---

(1) Extrait du journal *Le Médecin de Paris*, juin 1912.
(2) *C. R. Acad. des Sc.*, t. 153, p. 1088, 27 novembre 1911.

1

s'offrent à faire en leur présence toutes les expériences et démonstrations utiles pour prouver l'exactitude de leurs dires. Enfin, le laboratoire de préparation doit se contenter d'être le collaborateur du clinicien, de lui fournir les colloïdes que celui-ci demande, mais il ne doit pas émettre la prétention de fixer lui-même les indications des corps qu'il obtient.

Nous reviendrons plus loin sur l'action des colloïdes en général et sur l'action spécifique de quelques-uns d'entre eux. Pour le moment, rappelons brièvement les différents procédés de préparation, et pour cela il nous suffira de citer les lignes ci-dessous d'un article récent du Dr Gastou, chef du Laboratoire central de l'hôpital Saint-Louis, article illustré de très belles planches en couleur que nous recommandons à l'attention des médecins (1).

PRÉPARATION DES COLLOÏDES ARTIFICIELS
(Pseudo-colloïdes)

« a) *Méthode chimique.* — On précipite lentement deux sels en solution ou un sel et un électrolyte. Le corps qui prend naissance est à l'état colloïdal. De même, si l'on réduit une liqueur métallique par un solide, un liquide ou un gaz, il se forme un colloïde.

« De même, si l'on solubilise un métalloïde ou un cristal, dans un liquide que l'on précipite par un excès d'eau (procédé A. Lancien, pour le Phosphore, le Soufre, le Sélénium, etc.), il se forme un très beau colloïde.

« b) *Méthode électrolytique.* — Dans l'eau, on fait passer un courant d'électrolyse ; une des électrodes est en platine ; la seconde (+ ou —) sur laquelle on met le métal à transformer en colloïde est en platine, or, cuivre, argent, métalloïdes les plus divers. Le métal en suspension colloïdale colore bientôt l'eau.

« c) *Méthode électrique de Bredig.* — Entre deux électrodes de métal pur, fondu, on fait passer dans l'eau un courant de 4 à 30 ampères sous 110 volts. Les électrodes se pulvérisent et on obtient ainsi les solutions colloïdales pures de Bredig, les ferments métalliques de A. Robin.

« d) *Méthode du D^r Th. Swedberg, d'Upsala.* — Elle consiste à faire volatiliser des fils métalliques ou métalloïdiques dans l'eau par l'étincelle nourrie d'un transformateur (2).

« e) *Méthodes de A. Lancien.* — Elles sont de deux sortes :
1º M. A. Lancien prend d'abord la solution de Bredig, dont il extrait et pulvérise automatiquement les grains colloïdaux par des étincelles

---

(1) *Laboratoire du Praticien*, XXI, *BIOLOGICA*, 3e année, n° 27, 15 mars 1913.
(2) Ou bien à mettre des capacités en circuit dans l'arc de Bredig.

de très haute fréquence ; 2° pour quelques corps, cet auteur prépare des cathodes métalliques ou métalloïdiques qu'il pulvérise sur des électrodes vierges dans le vide cathodique, et dissout ensuite, par la haute fréquence, les métaux ou métalloïdes des électrodes ainsi obtenues.

« Ces dissolutions se font : dans l'eau, les huiles, les alcools, etc., les gaz.

« Les suspensions colloïdales préparées par les procédés Lancien sont chargées de grains d'une finesse inouïe allant jusqu'à *un demi micro-millimètre,* et d'une régularité très grande. Ils ne diffèrent entre eux que de quelques centièmes de micromillimètre (1).

« Le plus souvent, on obtient des grains amicroscopiques que l'on peut rendre ultra-microscopiques par l'or ou la fumée d'iode. »

COMPARAISON DES DIVERS COLLOÏDES

Nous laisserons de côté les colloïdes dûs au procédé du Dr The Swedberg dont l'emploi en thérapeutique n'a pas été généralisé jusqu'ici, et ceux que l'on prépare par voie électrolytique, auxquels, paraît-il, la thérapeutique n'a pas recours, bien que nous soyons persuadé que plusieurs colloïdes annoncés comme *électriques* sont en réalité dus au procédé *électrolytique.*

Il reste donc en présence trois catégories de métaux colloïdaux : les colloïdes chimiques, — les colloïdes électriques, procédé Bredig, — les colloïdes électriques, procédés Lancien.

1. — *COLLOÏDES CHIMIQUES*

Le premier en date est le Collargol, découvert en 1889 par Carey Lea. Depuis, la plupart des métaux ont été préparés à l'état colloïdal par ce procédé, mais, en dehors de l'argent, les seuls qui aient été proposés en thérapeutique sont : le Manganèse, le Soufre, le Cuivre, l'Iode, le Sélénium (Sélénium rouge) (2). Le Collargol est le seul qui ait été expérimenté largement, et il n'est pas besoin de rappeler les résultats remarquables dus à ce colloïde, obtenus en Allemagne par B. Crédé, en France par Netter, et confirmés depuis par de nombreux expérimentateurs. Récemment encore (3), le Dr Netter après dix ans d'expérience,

---

(1) La grosseur des grains obtenus étant fonction des oscillations de courant (ce qui est démontré par la théorie) on peut prévoir et assurer qu'avec l'oscillation *ad hoc* on a des grains de 1/2 $\mu\mu$, grains amicroscopiques qu'on transforme en ultramicroscopiques par l'or ou la fumée d'iode.

(2) Le Sélénium peut être obtenu soit par réduction d'un sélénite par le glucose, soit par la précipitation lente par l'éther d'une solution de sélénium dans le sulfure de carbone ; ces deux procédés donnent une solution dichroïque de sélénium colloïdal rouge-corail.

(3) *Presse médicale,* n° 3, p. 22, 8 janvier 1913.

rappelait les résultats très nets obtenus avec le Collargol dans la pneumonie, la dysenterie, l'érysipèle, etc. C'est en effet un corps parfaitement maniable que l'on obtient facilement à l'état sec, ce qui permet de l'employer en solutions exactement titrées ; dissous dans l'eau, il montre des grains animés de vibrations très intenses, et le Praticien qui emploie une solution *fraîchement préparée* est sûr de son médicament. Enfin, on peut l'administrer en pommade et en pilules, cette dernière forme théoriquement inactive (Iscovesco), mais qui a donné cependant en pratique les résultats les plus nets.

En résumé, le Collargol est un excellent médicament, malgré les inconvénients très réels que nous allons signaler : 1º le métal n'y est pas à l'état de pureté, car il retient toujours des traces des sels ayant réagi, ce qui constitue un inconnu à redouter, ainsi que l'albumine qui sert à le stabiliser ; 2º les grains sont très gros (50 à 100 $\mu\mu$), et par conséquent leur pouvoir d'*adsorption* assez minime ; 3º les grains sont très inégaux entre eux, ce qui provoque de vives réactions thermiques ; 4º la stabilité n'est pas suffisante, car, si une solution bien préparée peut être portée à l'ébullition pendant de courts instants sans précipiter, elle ne peut résister à 100º pendant plusieurs minutes et est agglutinée par les électrolytes, les rayons ultra-violets, etc.

2. — *COLLOÏDES ÉLECTRIQUES (Procédé Brédig).*

Il était donc naturel de s'adresser à un autre procédé pour la préparation des colloïdes thérapeutiques, et la méthode de Bredig semblait remplir les desiderata du Corps médical : là, pas d'impuretés à craindre, une finesse de grains beaucoup plus grande, par conséquent un pouvoir thérapeutique plus intense ; on crut avoir trouvé une solution parfaite du problème de la médication colloïdale, et l'usage s'en répandit rapidement. C'est alors que les défauts de ces colloïdes apparurent : d'abord la teneur en métal est infime et variable, comme le montre le dosage du métal par les procédés ordinaires (méthode cyanoargentimétrique Liebig, Denigès) ; et s'il est vrai que l'activité dépend plus de la finesse des grains que de la teneur en métal, il est non moins évident qu'à grosseur égale la solution la plus active est la plus concentrée. Puis, la stabilité est encore plus précaire que celle du Collargol car elle est détruite immédiatement par la chaleur, même avant 100º, par les rayons ultra-violets, les électrolytes. Il a donc fallu stabiliser ces colloïdes : « Aussi, dit A. Netter (1), l'argent colloïdal électrique que l'on emploie couramment est stabilisé et isotonique. La stabilisation est obtenue par l'adjonction d'un colloïde stable tel que

____

(1) *Presse médicale,* nº 3, p. 22. 8 janvier 1913.

l'albumine, l'isotonie par l'adjonction de Chlorure de Sodium à 8 p. 100.
On voit que l'argent colloïdal électrique employé en clinique n'est pas
de l'argent pur, pas plus que le Collargol. Comme dans ce dernier, il
y a addition d'un colloïde albumineux. »

Malgré cette précaution, nombre de médecins ont eu entre les
mains des ampoules dont le contenu était entièrement agglutiné, soit
sous forme de dépôt pulvérulent, soit sous forme de grumeaux ; il se
peut que l'agitation remette pour quelques minutes le métal en suspension, mais tout physicien'sait que le mouvement de vibration
(mouvement brownien) est une caractéristique du colloïde, qu'après
agglutination ce mouvement n'existe plus, et que par conséquent une
solution agglutinée ne contient plus un colloïde, mais seulement un
corps inerte que l'agitation est impuissante à revivifier. Les grains ne
sont pas plus égaux que ceux du Collargol, bien que plus fins en moyenne
(40 à 50 $\mu\mu$), comme le prouve l'hyperthermie qui suit l'injection
intra-veineuse de ces métaux. En injections intra-musculaires le
métal est rarement résorbé et on a trouvé à l'autopsie des dépôts
d'argent réduit dans les tissus des malades traités. L'isotonie ne doit
être pratiquée qu'au moment de l'injection, sinon le colloïde est agglutiné, et rien ne prouve que cette précipitation ne se produit pas dès le
mélange des deux solutions dans la seringue avant l'injection. Enfin, la
dessiccation de ces colloïdes est impossible, car le métal perdrait de ce
fait l'état colloïdal et, par conséquent, les traitements par la voie gastrique ne peuvent pas être pratiqués.

Si l'on juge impartialement les avantages et les inconvénients de
l'argent colloïdal chimique et de l'argent colloïdal électrique, on
reconnaîtra que la seconde de ces préparations est mieux tolérée que
la première, moins brutale, moins dangereuse si l'on veut, mais
bien plus inconstante et bien moins souple dans les mains du
praticien.

Il suffisait d'apporter à la méthode de Bredig certains perfection-
nements, d'obtenir des grains beaucoup plus petits, de trouver le
moyen d'uniformiser leur grosseur et de régulariser l'amplitude de
leurs mouvements, de réaliser en fin de compte des solutions parfaitement stables pour rendre à cette médication toute la faveur à
laquelle elle a droit.

3. — *COLLOÏDES ÉLECTRIQUES (Procédés A. Lancien).*

Nous avons vu plus haut que le Dr Gastou indique deux procédés A. Lancien pour la préparation des colloïdes électriques. Ces deux
procédés, dont l'un a été présenté à l'Académie des sciences par le

Professeur d'Arsonval (1), sont le résultat de recherches entreprises depuis six ans par M. A. Lancien, du Corps de santé de la marine. — Ils ne diffèrent l'un de l'autre que par la première phase de l'opération, les deux autres phases restant les mêmes ; le premier s'applique aux métaux et métalloïdes bons conducteurs de l'électricité, le second, aux corps mauvais conducteurs.

1º Pour les métaux bons conducteurs, on commence par préparer une solution colloïdale par l'arc de Bredig jusqu'à l'obtention d'un titre en métal déterminé. Pour les autres, on réalise d'abord un transport électrique du corps dans le vide cathodique, et avec deux cathodes ainsi obtenues on prépare une solution colloïdale.

2º La deuxième phase de l'opération consiste à soumettre la solution fournie par l'un ou l'autre des deux procédés à des courants de haute fréquence sous l'influence desquels les grains sont projetés les uns contre les autres et se pulvérisent réciproquement (l'opération est poussée jusqu'à l'obtention d'une grosseur déterminée de grains).

3º Enfin ce colloïde est exposé aux rayons ultra-violets (arc au mercure) qui régularisent le mouvement vibratoire des grains, ce qui a l'influence la plus décisive sur la stabilité de la solution.

Chacune de ces opérations est rigoureusement contrôlée, la première par un dosage du métal dissout (méthodes volumétriques ou pondérales), les deux dernières par la prise d'un film cinématographique d'après lequel on mesure la grosseur des grains en fonction de leur déplacement (travaux d'Ehrenhaft et d'Einstein) (2).

Par l'emploi de l'un ou l'autre de ces deux procédés, suivant les cas, on peut obtenir d'abord des solutions colloïdales de tous les métaux antérieurement préparés par la méthode de Bredig ordinaire (Argent, Platine, Or, Rhodium, Cuivre, Fer, Nickel, Zinc, etc.), mais aussi les colloïdes métalliques qui n'avaient pu être obtenus jusqu'ici que par voie chimique (Manganèse, Soufre) et, mieux encore, ceux qui sont réputés comme n'étant pas susceptibles d'être amenés à l'état colloïdal avec stabilité et sans l'addition d'aucun colloïde naturel ni d'aucun stabilisant, tels que l'Iode, le Brome, le Phosphore, le Plomb, l'Aluminium, le Carbone, le Silicium, etc.

PROPRIÉTÉS DES COLLOÏDES A. LANCIEN

Ces colloïdes ont des propriétés qui semblent d'abord paradoxales et qu'ils doivent à l'extrême finesse de leurs grains ; mais cependant il

---

(1) *C. R. Acad. des Sc.*, t. 153, p. 1088, 27 novembre 1911.
(2) Pour plus amples détails, voir dans *Biologica* (nº du 15 déc. 1913) la conférence de M. A. Lancien, faite au Congrès international de médecine de Londres (août 1913).

est facile de comprendre qu'il en soit ainsi lorsqu'on examine d'un peu près ces phénomènes. Les forces qui animent les grains colloïdaux étant constantes, l'intensité du mouvement brownien est en raison inverse des masses de ces grains ; elle est par conséquent considérable pour les grains d'une ténuité extrême. Il résulte de là que ces autres forces que sont les radiations lumineuses, caloriques, l'électricité, le magnétisme, ne seront pas assez puissantes pour arrêter ce mouvement brownien, et que ces colloïdes ne seront agglutinés ni par la chaleur ni par les rayons ultra-violets, ni par les électrolytes, ni par des colloïdes de signe électrique contraire ; enfin il est inutile d'y ajouter un colloïde de même signe pour former un complexe stable, puisqu'ils sont stables par eux-mêmes, et que leur signe électrique n'est plus alors à considérer (1).

Il est même facile de dessécher ces solutions colloïdales et de constater qu'après redissolution du colloïde *sec*, les grains sont de même grosseur qu'avant dessiccation et animés de mouvements aussi intenses. Ceci est d'autant plus important que, selon Graham, « le colloïde est le fond même de la vie» et qu'il est essentiel qu'il puisse conserver son état «dynamique», une fois injecté dans l'organisme, en présence des électrolytes et des colloïdes divers qu'il y rencontre.

Hâtons-nous cependant de dire que cette finesse de grains est encore loin d'être « idéale » ; la grosseur « idéale » d'un grain de colloïde serait celle de la molécule du métal, dont vraisemblablement l'action serait alors « idéale» elle aussi ; mais nous sommes encore loin de compte, puisqu'un grain de 5 $\mu\mu$ de Rhodium contient un certain nombre de molécules.

ACTION THÉRAPEUTIQUE
DES COLLOÏDES A. LANCIEN

Lorsqu'il s'agit de traiter une maladie infectieuse, deux éléments sont à considérer : le malade, et le microbe.

Action sur le malade. — Tout colloïde métallique provoque une réaction plus ou moins intense de l'organisme, à moins que celui-ci ne soit plus capable de lutter si peu que ce soit et que le malade soit à l'agonie. Cette réaction se traduit en partie par les phénomènes décrits par MM. Achard et P.-Émile Weil (*Archives de médecine expérimentale*, mai 1907). Les auteurs ont étudié l'action de l'argent colloïdal élec-

---

(1) Nous pouvons comparer ceci à l'action d'un projectile venant frapper un but perméable : si, pour une certaine charge d'explosif, on emploie un projectile de grosseur très exagérée, celui-ci aura à peine la force de toucher le but et se trouvera arrêté par lui ; si, au contraire, la masse du projectile est très faible et sa force vive considérable, il traversera l'obstacle et sera à peine ralenti dans sa marche.

trique sur le sang et les organes hématopoïétiques du lapin, et nous rappellerons brièvement que les injections intraveineuses de ce colloïde provoquent une augmentation fugace des globules rouges accompagnée d'une diminution des leucocytes, puis la leucocytose augmente pour dépasser notablement la normale et se maintenir ainsi pendant plusieurs jours, en même temps que le nombre des globules rouges reste légèrement inférieur à la normale ; enfin, tout rentre dans l'ordre.

Récemment, MM. Achard et L. Ramond ont repris les mêmes expériences avec le Séléniol (Sélénium A colloïdal, procédé Lancien) et ont obtenu sensiblement les mêmes résultats (1) : ils n'ont cependant pas noté de leucopénie initiale et ont enregistré une hyperleucocytose plus rapide et plus durable qu'avec l'argent colloïdal électrique de Bredig.

On peut donc conclure que la nature du métal n'influe pas sur la réaction organique et que seul l'état physique du colloïde a de l'importance. Son action sera d'autant plus intense que le grain sera plus fin (A. Robin). L'égalité de grosseur des grains entre eux a aussi une grande importance, car une solution contenant des grains de grosseurs différentes provoque d'abord une hyperthermie qui précède la chute de la température, tandis qu'une solution à grains égaux donne une baisse régulière et commençant immédiatement après l'injection. On peut rapprocher de ce phénomène le fait que MM. Achard et Weil ont obtenu une leucopénie initiale après l'injection d'argent colloïdal procédé Bredig, et que MM. Achard et L. Ramond n'ont pas constaté cette phase de début avec le Sélénium colloïdal procédé Lancien, mais une hyperleucocytose à début immédiat, et progressive.

En résumé, si, comme on peut le constater, tout colloïde métallique provoque une hyperleucocytose, il est possible d'obtenir des résultats aussi satisfaisants de l'emploi d'un métal ou d'un autre, à condition que ce colloïde soit à grains très fins et très égaux.

Action sur le microbe. — Cependant, si l'expérience montre que certains métaux ont un pouvoir bactéricide plus accentué que d'autres, on peut espérer que ceux-là agiront plus efficacement dans les maladies infectieuses. De quelle nature est l'action bactéricide du colloïde? Est-ce une action physique, ou une action chimique? Là encore c'est par son action physique que le colloïde agit. Lorsque l'on examine à l'ultra-microscope une culture de bacille d'Eberth additionnée d'une solution colloïdale (Rhodium par exemple), on constate que les grains de colloïde viennent s'agglutiner contre les bacilles et qu'au bout d'un certain temps le microbe se trouve complètement entouré : c'est ce

---

(1) *Archives de médecine expérimentale*, novembre 1912.

qu'on appelle le phénomène d'*adsorption*, qui est d'autant plus intense que les grains sont plus fins. On comprend que dans cette sorte de cuirasse de métal qui l'isole du milieu de culture, le bacille ne tarde pas à périr, bien que la solution colloïdale ne soit nullement toxique pour les organismes inférieurs (A. Lancien et L. Thomas).

Cette action empêchante est-elle la même de la part de tous les métaux pour tous les microbes? Pour résoudre cette question, on a préparé par le même procédé des solutions colloïdales des divers métaux au même titre et à grains identiques ; des cultures ont été additionnées chacune d'une même quantité des divers colloïdes, puis elles ont été exposées à des radiations riches en rayons ultra-violets et on a noté soigneusement le temps minimum nécessaire à la stérilisation des cultures.

Ces essais ont été recommencés avec divers microbes et on a constaté qu'étaient tués les premiers ceux auxquels on avait mélangé du Rhodium colloïdal.

Ce maximum d'activité paraît dû à la constitution moléculaire du Rhodium colloïdal, constitution qui semble avoir une relation étroite avec la constitution moléculaire du microbe lui-même. C'est donc en s'adressant au Rhodium colloïdal électrique que l'on aura le plus de chances de lutter efficacement contre une infection quelconque, et l'on verra plus loin que cette conclusion théorique a été pleinement confirmée par les résultats cliniques.

A côté de ce pouvoir anti-infectieux à peu près général dont jouit au premier titre le rhodium, et avec lui, mais à un degré moindre, l'argent et les autres métaux précieux (Or, Platine, Iridium, Palladium, etc.), certains métaux ont une action véritablement spécifique qui en commande l'emploi dans des affections bien déterminées ; nous citerons le cuivre dans les mycoses, la tuberculose, le cancer ; le sélénium, dont l'action dans les affections cancéreuses est maintenant établie par de nombreuses observations ; le mercure, qui a été préconisé dans la syphilis, puisqu'il est déjà employé sous toutes ses formes dans le traitement de cette affection ; l'arsenic à utiliser dans le traitement de la scrofule, du lymphatisme, des anémies de toute nature et aussi comme traitement adjuvant dans certaines affections parasitaires (paludisme, syphilis, tuberculoses ganglionnaires et osseuses, ostéomyélites) ; le Silicium dans le traitement du goitre (1), le soufre dans le rhumatisme déformant, la bronchite, la laryngite.

L. KANNAPELL
Pharmacien de 1ʳᵉ classe, ex-interne des Hôpitaux de Paris.

---

(1) Dʳ SUARD, *Presse médicale*, 18 oct. 1913.

RÉSULTATS CLINIQUES
DU RHODIUM COLLOÏDAL (Lantol)

Le Rhodium colloïdal électrique n'est entré que récemment dans la pratique médicale, et il est encore loin d'avoir eu toutes les applications que ses qualités permettent d'espérer. D'autre part beaucoup de médecins ont eu recours à lui, après avoir épuisé tout l'arsenal thérapeutique pendant que le malade épuisait toutes ses possibilités réactionnelles, et dans ces conditions les résultats n'ont pas toujours été favorables. Cependant, dès maintenant on peut grouper par affections les observations les plus typiques et constater que cette méthode nouvelle de préparation des colloïdes a déjà permis d'obtenir des guérisons nombreuses et qu'elle est appelée à prendre une large place dans la thérapeutique moderne.

INFECTIONS PUERPÉRALES

Observation 1. — Dr A. OLIVIER (de Paris) (1).

Le Dr OLIVIER relate le cas d'une malade récemment accouchée, dont la température oscille depuis deux jours entre 39° et 39°,5.

« Depuis deux jours et demi au moins la température n'était pas tombée au-dessous de 39° rectale, les lochies étaient peu abondantes et odorantes, il y avait de la douleur spontanée et au palper, dans le bas-ventre et surtout à droite ; de plus, depuis trente-six heures, la malade se plaignait de douleurs dans les membres inférieurs et dans les reins, qui l'immobilisaient dans le décubitus dorsal.

Point n'était besoin de toucher la malade pour s'apercevoir qu'elle avait de la fièvre ; en effet, la face était colorée, les yeux brillants, la malade répondait avec volubilité aux questions. La langue était sèche, il y avait de la soif. En fait, la température prise quelques minutes avant mon arrivée était de 39°,4.

Découvrant la malade pour l'examiner, je perçus immédiatement l'odeur très particulière des lochies de l'infection, mais je dois dire qu'elle est souvent plus marquée ; nous en verrons tout à l'heure la raison. Par le palper, je trouvai un utérus volumineux, remontant un peu au-dessus de l'ombilic, mou et, par suite, assez difficile à délimiter. Cet utérus est sensible au palper et on détermine une véritable douleur quand on palpe la corne droite. L'examen de la vulve permet de constater la déchirure du périnée, dont les bords ont été réunis par des sutures,

---

(1) *Journal de médecine de Paris.* 1er juin 1912.

et de nombreuses éraillures tout autour de l'orifice vaginal. Par le toucher, on sent nettement un sillon profond, qui occupe la ligne médiane de la cloison recto-vaginale et fait suite à la déchirure périnéale. On arrive assez profondément sur un col gros, mou, largement déchiré transversalement.

En reportant le doigt en avant, on arrive sur la face antérieure de l'utérus, qui est séparée du col par un sillon profond ; l'utérus est fortement fléchi sur le col, comme cela est fréquent, du reste, après l'accouchement. La pression sur l'utérus est douloureuse.

Il n'y avait pas de doute, je me trouvais en présence d'un cas d'infection puerpérale grave.

Le Dr OLIVIER procède alors à un écouvillonnage qui permet de débarrasser l'utérus de tous les éléments infectieux qu'il contient. Après un mieux passager, la température remonte ; il prescrit un purgatif et des frictions de Collargol. Malgré cela, la température reste élevée et cependant, du côté de l'utérus :

Tout est bien fini. Rien non plus du côté des seins. Ventre souple, pas de sensibilité en aucun point ; l'intestin est vidé tous les jours. L'élévation de la température est donc bien due à l'infection. Aussi décidons-nous, mon confrère et moi, que nous aurons recours aux injections d'argent colloïdal. Sur ces entrefaites, un de mes confrères me met sous les yeux la communication de M. Thiroloix à la Société médicale des hôpitaux, dans laquelle il dit avoir obtenu d'excellents résultats dans les états infectieux avec le Lantol. Je résolus de l'essayer. Le *lantol, rhodium colloïdal électrique*, est un colloïde électrique pur, dont les grains ont un diamètre de 5 millionièmes de millimètre. Il se présente sous forme d'une solution stable, isotonique, très bactéricide, non toxique, non modifiable par la chaleur ou la lumière, et directement injectable. La teneur métallique, rigoureusement dosée, est constante et égale à 2 dixièmes de milligramme par centimètre cube. Le Lantol se trouve en pharmacie en ampoules de 3 centimètres cubes, par boîtes de quatre.

Le 28 au matin, la température tombe à 38° pour se relever le soir à 40°,7. Je fais une injection intramusculaire dans la fesse de 3 centimètres cubes. Le lendemain matin 29, la température est tombée à 37°,7 ; seconde piqûre ; le soir 37°,8, troisième piqûre. Le 30 au matin, 37°,6, pas de piqûre ; le soir la température s'étant élevée à 38°,4, je fais une quatrième piqûre. Le lendemain matin la température étant restée à 38°,4, je fais une cinquième piqûre, c'est la dernière, car, à partir de ce moment, la température tombe aux environs de 37° et s'y maintient définitivement, malgré la formation d'un abcès dans le sein droit.

M. Thiroloix ne s'est servi du Lantol qu'en injection intraveineuse dans les cas qu'il a publiés. Ne croyez pas que ce mode de procéder soit nécessaire ; le Lantol agit tout aussi bien en injection sous-cutanée, et c'est là une chose importante à connaître, car beaucoup de médecins redoutent de faire des injections intraveineuses, ou ne sont pas outillés pour les faire. J'ajouterai que l'injection n'est pas douloureuse, qu'elle ne donne lieu à aucune réaction locale ou générale. La notice qui accompagne les ampoules dit que, si au bout de cinq jours on n'a pas obtenu l'abaissement de la température, on peut refaire une seconde injection, et dans le mémoire de M. Thiroloix on voit qu'il a suivi cette pratique. Ayant vu que ce produit n'était pas toxique, je n'ai pas hésité, au bout de vingt-quatre heures, à faire une seconde injection. La témpérature n'étant pas tombée, il en a fallu cinq pour obtenir le résultat cherché ; la malade les a fort bien supportées. Je crois donc qu'il n'y a aucun inconvénient à récidiver tant que la température ne sera pas à la normale. On procédera par injections de 3 centimètres cubes de douze en douze heures.

Et le Dr OLIVIER conclut : « Ce n'est qu'un fait, mais un fait où l'action du médicament a été très nette ; dès la seconde injection, c'est-à-dire quand la dose normale pour un adulte, 6 centimètres cubes en vingt-quatre heures, eut été donnée, la température est tombée et ne s'est plus relevée. En présence de ce résultat, si je me trouve de nouveau en présence d'un cas où l'intervention aura été tardive et où l'infection de l'organisme sera certaine, je compte faire usage des colloïdaux, dès que le foyer d'infection aura été nettoyé. »

Obs. 2. — Dr A. OLIVIER (de Paris).

Je viens d'observer un nouveau cas d'infection puerpérale moins grave que le premier, dans lequel le Lantol a bien réussi.

Il s'agit d'une dame de Montmorency accouchée il y a quatre semaines et qui, au treizième jour après l'accouchement, expulsa un caillot putride à la suite de douleurs violentes et avec une température élevée. Le médecin ordonna des injections vaginales à l'eau oxygénée qui amenèrent la disparition de l'odeur en même temps que la température baissait ; toutefois, elle resta à 38°,5 le soir et à 37°,8 le matin.

Au bout de huit jours je fus appelé près de la malade. Il y avait, à n'en pas douter, de l'infection. J'injectai 3 centimètres cubes de lantol le soir (temp. 38°) : le lendemain matin, température 37°,3 et le soir 37°,6 ; bien qu'une nouvelle injection ne me parût pas nécessaire, je consentis, à la demande du mari, à injecter de nouveau 3 centimètres cubes, après quoi la température resta entre 36°,8 et 37°,2.

Obs. 3. — Dr Charles PLATON, ancien Chef de clinique d'accouchement, Chirurgien de la Clinique universitaire de gynécologie (Marseille).

Femme de vingt-sept ans, entrée à la clinique le 6 janvier, avortement incomplet, température 39°,6. Curettage, cautérisation à la teinture d'iode, grand lavage à l'eau bouillie.
Le soir, température 38°.
Le 7 janvier, *matin,* 39°,8 : injection de 3 c.c. de lantol, *soir,* 38°,2
Le 8   —   39°,6 :   —   —   38°,2
Le 9   —   38°,5 :   —   —   37°,2
A partir de ce moment température normale.

Obs. 4. — D[r] Ch. PLATON.

Femme de trente-huit ans, avortement de cinq mois, entre à la

maison de santé le 28 janvier, T. 40°,2. Curettage, grand lavage Lantol.
Le soir, 39°,7.

Le 29 janvier, *matin*, 39°,6 ; lantol : *soir*, 38°.
Le 30 janvier, *matin*, 39°,1 ; lantol : *soir*, 37°,9.
Le 31 janvier, *matin*, 38°,3 ; lantol : *soir*, 37°,6.
A partir de ce moment température normale.

Obs. 5. — D^r Ch. PLATON.

Femme de trente ans, accouchement à terme, le 6 décembre.

Le 9 décembre, 39°,3 après frisson. La sage-femme qui me fait appeler m'indique qu'elle a dû faire une délivrance artificielle dans de mauvaises conditions d'asepsie. Le 10, nettoyage de la cavité utérine avec une sonde et un écouvillonnage iodé. Lantol.

Le 10 au soir, 39°.
Le 11 *matin*, 39°,3 ; lantol : *soir*, 38°,7.
Le 12, *matin*, 37°,9 ; lantol : *soir*, 37°,3.
A partir de ce moment température normale.

Obs. 6. — Dr COURTIN (Bordeaux).

Jeune femme de vingt-six ans, ayant accouché le 13 février, atteinte de septicémie puerpérale et phlébite double. Elle fut soignée par le sérum de Marmorek, l'argent colloïdal sous-cutané et intraveineux, le sérum térébenthiné de Fabre, sans succès du reste.

Dans une consultation qui eu lieu le 4 mai, je conseillai les injections sous-cutanées de Lantol. Depuis ce moment la température a baissé le matin ; nous avons eu des températures élevées sans frisson, et, après quatorze injections, nous sommes arrivés à la défervescence définitive.

Cette malade est aujourd'hui hors de danger, mange, engraisse, urine bien, l'œdème des membres inférieurs diminue rapidement, elle est en pleine convalescence. Je suis d'autant plus heureux de ce résultat qu'un pronostic fatal avait été porté par les deux médecins accoucheurs qui la suivaient et qui n'acceptèrent le Lantol qu'avec très peu d'enthousiasme.

Le Lantol est donc un médicament qu'il ne faut pas oublier dans ce cas ; je suis persuadé, et mes confrères aussi, que cette jeune femme doit sa guérison à cette préparation.

Obs. 7. — Dr Jos. GODART (Bruxelles) (1). — *Abcès de l'utérus.*

Femme de trente-trois ans, mère de deux enfants.

Le dernier accouchement date du 18 février dernier, il s'est produit très normalement, mais les soins ont été donnés par une vieille matrone atteinte de dacryocystite. C'est là vraisemblablement la cause de l'infection. Notre malade a été prise brusquement de fièvre à la fin de la première semaine de ses couches. Elle a alors mandé notre excellent confrère De Dobbeleer, d'Uccle, qui a constaté un pouls dépassant 100 pulsations à la minute et une température de 39°. Il y avait un ballonnement du ventre considérable, enfin des symptômes de métropéritonite. Le traitement très judicieux a consisté en vessies de glace, injections

---

(1) *Policlinique de Bruxelles.* 1er mai 1912.

vaginales opiacées et injections sous-cutanées d'argent colloïdal. Les symptômes de péritonite s'amendèrent, mais la fièvre persista avec des températures de 38° à 39° pendant une quinzaine de jours.

Nous avons vu la malade le 12 mars, elle avait alors un utérus très gros, douloureux, empâté, surtout vers les cornes utérines, sans tumeurs annexielles.

Le seul traitement à conseiller était l'hystérectomie, qui fut faite le 13 mars. Après l'opération, la fièvre tomba à 37° et s'y maintint pendant deux jours. Le troisième jour, élévation brusque à 40°. Des vessies de glace furent appliquées jour et nuit en même temps que des injections vaginales chaudes. Dès ce moment, nous avons employé un nouveau colloïde en injection intramusculaire, le *Lantol, c'est-à-dire le rhodium électro-colloïdal*, à dose de 3 centimètres cubes par jour, quatre jours consécutifs.

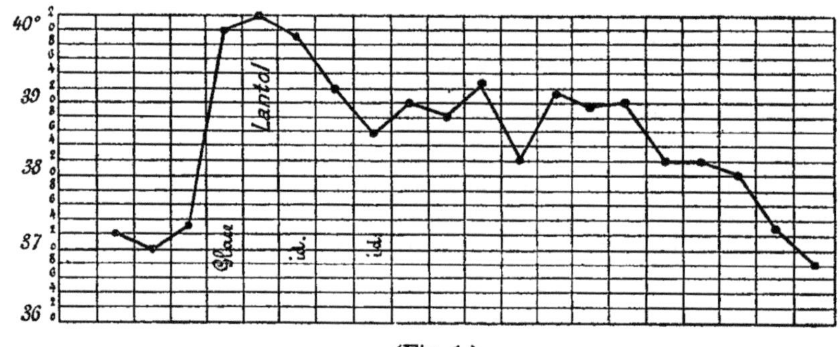

(Fig. 1.)

La température descendit à 38°, le ballonnement du ventre disparut et il y eut une diarrhée abondante.

Le septième jour après l'opération, nous avons 38°,2 le matin, avec un pouls régulier à 100. Le soir, nouvelle élévation à 39°,1, nous fîmes l'injection d'une nouvelle dose de *Lantol*.

Depuis lors, il y eut une descente de la température graduellement pour atteindre le onzième jour 36°,8. La diarrhée persistait, sans ballonnement du ventre et sans trace d'abcès pelvien. Nous sommes arrivés au douzième jour et la malade se nourrit de lait et d'œufs qu'elle digère parfaitement.

Obs. 8. — Dr M..., chirurgien à Marseille (1).

Parmi un certain nombre d'observations, la plus typique est la suivante : Mme G..., trente-cinq ans, accouche à terme le 1er juin 1912. Onze jours après son accouchement elle est prise de frissons avec fièvre à 40°. Appelé auprès de la malade, je constate que le col est ouvert, des pertes putrides s'en écoulent, la température est à 39°,5. Je conclus à une rétention de fragments de placenta et je pratique le curettage le soir même. Malgré le curetage, la température s'est toujours maintenue entre 39°,5 et 41°, avec frissons. M. le professeur Guérin de Valmale appelé en

____

(1) *Sud médical*, 15 décembre 1912.

consultation conclut à un pronostic fatal à brève échéance. La malade était alors en plein délire, la fièvre atteignait 41°,3, crachats hémoptoïques, dus à une thrombose pulmonaire, diarrhée fétide. En désespoir de cause je tente une injection intraveineuse de Lantol. Le lendemain la fièvre tombait à 39°,6. Je fis consécutivement à deux jours d'intervalle trois injections intraveineuses de Lantol ; la température est tombée le troisième jour après l'injection à 38°,2 et au bout de dix jours la malade était complètement guérie.

Pour ma part j'attribue aux injections intraveineuses de Lantol cette guérison d'une infection puerpérale d'une si grande gravité.

Obs. 9. — D^r d'Aiguillon (Antibes) (1). — *Phlébite puerpérale*.

Mme V..., âgée de trente ans, depuis un an et demi est en traitement pour une phlébite post-partum extrêmement sévère. La malade est absolument incapable de mouvoir sa jambe gauche et, malgré le traitement employé jusqu'alors, la veine fémorale est toujours, au toucher, extrêmement douloureuse sur toute la longueur et présente un chapelet de nodosités de la grosseur d'un noyau d'olive environ et particulièrement nombreuses au niveau du creux poplité. L'état général, sans être mauvais, est précaire. La malade a perdu 8 kilos depuis la première atteinte de son mal, et ce qui l'effraie par-dessus tout, ainsi que son entourage d'ailleurs, c'est que tout mouvement un peu étendu de la jambe gauche provoque chez elle de véritables crises syncopales. Poumons et cœur ne présentent rien d'anormal ; dans ces conditions, je pose donc le diagnostic de périphlébite typique de la jambe gauche post-partum.

Désireux donc de combattre l'état infectieux qui semblait dominer la scène, j'ordonne du Lantol en injection hypodermique et fais une piqûre de 4 centimètres cubes tous les quatre jours.

Quatre jours après le début de ce traitement, un mieux très sensible se manifeste. Les douleurs sont beaucoup moins vives sur tout le trajet de la veine, et le membre paraît retrouver une certaine souplesse.

Une seule syncope s'est produite durant ce laps de temps. J'ordonne alors un massage-effleurage quotidien et fais mobiliser la jambe de la malade en lui faisant faire quelques pas, ce qu'elle parvient à faire péniblement au début et progressivement beaucoup mieux. Aucune syncope ne se produit. A la suite d'un mois de ce double traitement, la malade fait cinq cents mètres à pied sans se plaindre, au grand étonnement de tout son entourage. A partir de ce moment, je ne fais plus qu'une piqûre de Lantol par semaine et la guérison marche bon train.

La veine fémorale est redevenue presque complètement souple sur toute sa longueur, les douleurs ont disparu et avec elles les crises qui effrayaient tant la malade. Les nodosités en chapelet, situées tout le long de la veine poplitée, ont disparu presque complètement aussi et, après trois mois de ce traitement, je cesse toute médication.

Une légère rechute se produit à la suite d'une fatigue exagérée. Je reprends les piqûres de Lantol, que la malade me réclame d'ailleurs elle-même. Tout rentre dans l'ordre et, depuis un an, la malade ne se plaint plus de sa jambe, qu'une saison à Bagnoles-de-l'Orne, l'été dernier, a complètement rétablie.

---

(1) *La Clinique*, 14 mars 1913.

Obs. 10. — Dr Dupuy de Frenelle (Paris). — *Pyosalpynx double.*

Je suis appelé la nuit d'urgence auprès d'une malade qui se plaignait depuis quelques jours de violentes douleurs dans le ventre, douleurs qui avaient subitement empiré. L'examen me permit de constater très nettement à droite un pyosalpynx gros comme un poing, à gauche un pyosalpynx gros comme un œuf. La malade, très nerveuse, ayant refusé toute injection hypodermique, je lui fis *boire le contenu d'une ampoule* de Lantol. La température, qui était dans la nuit de 39°,5 descendit le matin à 37°,2. Le lendemain je fis une injection de Lantol, les douleurs s'amendèrent et la température resta à 37°,2. Le surlendemain, deuxième injection de Lantol, et la malade se trouva dans un état très satisfaisant.

Obs. 11. — Dr C. V. V. (Bruxelles).

Je suis appelé en consultation auprès d'une femme accouchée depuis huit jours. Il y a trois jours, la température s'élève aux environs de 40°, puis baisse de température, et lorsque je suis appelé de nouveau, la température est à 39°,6. Je trouve un ventre ballonné, douloureux à la pression du côté du bas-ventre, tympanisme accentué ; les selles ne se produisent que sous l'influence de lavements ou d'huile de ricin. Au toucher, l'utérus est encore développé, assez dur, absolument fixé, col ouvert, violentes douleurs à la palpation des culs-de-sac, surtout du côté gauche. Ces culs-de-sac sont presque effacés et le doigt rencontre une sensation de dureté toute particulière. Outre les soins ordinaires en pareils cas, je fais faire deux jours de suite une injection de 20 centimètres cubes de sérum anti-streptococcique suivie d'un abaissement assez notable de température. Au bout de trois ou quatre jours, nouvelle élévation ; je fais alors usage du Lantol, et deux jours après la température revenait à la normale et les symptômes physiques s'amendaient tout doucement et progressivement.

Obs. 12. — Dr Savarikad, Chirurgien de l'Hôpital municipal de Salonique. — *Infection puerpérale très grave.*

M. D..., trente-sept ans, multipare (10e accouchement), a accouché sans intervention il y a treize jours ; mais deux jours après l'accouchement, violents frissons avec température 39-39°,5 qui ont duré jusqu'au treizième jour. Le jour où l'on m'a appelé, la température est de 41°,2, sueurs profuses, anxiété, pouls 150. Un examen intra-utérin, ainsi qu'un grand lavage à la solution iodo-iodurée, ont bien nettoyé le foyer d'infection. L'opération faite, j'attends quelques heures avec l'espoir d'avoir une oscillation de la température, mais en vain.

A ce moment, j'injecte une ampoule de Lantol intraveineux. *Deux heures après*, la température commence à tomber progressivement ainsi : 40° puis 39°, 38°,5, 37°,3 dans l'espace de trois heures à peu près.

Obs. 13. — Dr RAKMANOFF, Directeur de la Maternité Abrikossoff (Moscou). — *Avortement artificiel remontant à quatorze jours.*

Dès le premier jour la température oscille aux environs de 40°. On pratiqua six injections de Lantol soit intraveineuses, soit sous-cutanées, et après quatre jours de traitement, la fièvre tomba et la malade fut hors de danger.

PNEUMONIES ET GRIPPES

Obs. 14. — Dr THIROLOIX, Agrégé, Médecin chef de l'Hôpital de la Pitié (Paris) (1).

Couturière, vingt-cinq ans, pas d'antécédents pathologiques, héréditaires ou personnels : céphalalgie très grande, prostration complète, pommettes rouges et brûlantes, langue mauvaise, pouls petit, frissons, douleur au niveau du mamelon droit, température 40°, pouls 120 ; râles crépitants à la fin de l'inspiration, puis matité de plus en plus complète, crachats adhérents, tous les jours plus foncés et caractéristiques, contenant des cellules et des microcoques nombreux. On porte diagnostic : pneumonie aiguë.
Le matin 39°, le soir 39°,8 ou 40°.
Le troisième jour, injection intraveineuse de 5 centimètres cubes de rhodium colloïdal, un peu de cyanose dans les trois heures suivant l'injection, défervescence complète, 36°,8, le soir 37°,3. Les jours suivants tous les symptômes décroissent, le souffle tubaire s'atténue, de gros râles humides lui font place, les crachats s'améliorent. Peu de temps après, convalescence normale.

Obs. 15. — Dr THIROLOIX (1).

Ébéniste, trente-deux ans, antécédents pathologiques personnels, chancre mou, scarlatine. Prostration, langue mauvaise, fièvre depuis quelques jours, céphalée intense, un peu de délire ; douleur de côté intense, toux opiniâtre. Submatité et râles crépitants très nombreux, 39°,6 le soir, 38°,5 le matin. Après trois jours les vibrations augmentent, fièvre 39°,5 et 40° continus ; pouls petit, prostration augmente, bronchophonie et souffle tubaire. Crachats « marmelade d'abricots ». Dans la journée, syncope. Pneumonie aiguë, centrale, massive.
On fait une injection de 4 centimètres cubes de rhodium colloïdal électrique, intraveineuse. Dès le soir, 38°, pouls concordant ; le lendemain, deuxième injection de rhodium, hypodermique. Période de défervescence s'accuse complètement, 37°,4, souffles moins accusés, gros râles humides, crachats s'améliorent, malade entre bientôt en convalescence.

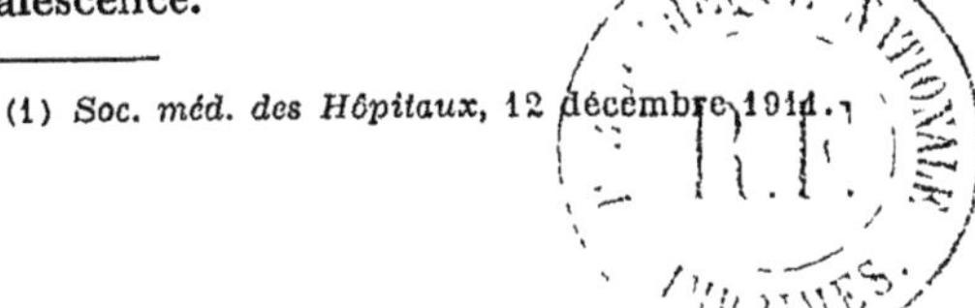

---

(1) *Soc. méd. des Hôpitaux*, 12 décembre 1911.

2

Obs. 16. — Dr Thiroloix (1).

Soldat, vingt-deux ans, pneumonie du sommet. Sœur décédée dix-huit ans, bacillaire. A eu deux bronchites, bien soignées, 40°. Prostration absolue, délire, fièvre, pouls petit ; pneumonie à complication cérébrale. Souffle tubaire, crachats caractéristiques, pommettes brûlantes, matité absolue du sommet droit, réaction fébrile très intense.

Injection 4 centimètres cubes intraveineuse de rhodium colloïdal. Dès le lendemain, défervescence complète, 37°,5. La température remonte très peu le soir ; prostration diminue, plus de délire, souffles moins accusés, râles faibles leur font suite. Après douze jours, convalescence.

Obs. 17. — Dr Thiroloix (1).

Couturière, cinquante-trois ans, veuve, mari bacillaire. Deux bronchites, tousse toujours. Prostrée, 40°, pouls petit, pommettes rouges, brûlantes, un peu de délire, céphalée très grande, matité absolue, crachats caractéristiques « marmelade d'abricots ». Pneumonie centrale massive.

Injection 4 centimètres cubes intraveineuse de rhodium colloïdal.

Défervescence après vingt-six heures, température ne remonte plus, pouls s'améliore, crachats aussi, souffle tubaire rude disparaît. Semble faire un peu d'endocardite, mais le tout disparaît bientôt ; après quinze jours entre en convalescence.

Obs. 18. — Dr Thiroloix (1).

Peintre, dix-huit ans. Antécédents personnels : scarlatine et bronchite, mais père décédé bacillaire. Tousse beaucoup, pommettes rouges et brûlantes, douleur au mamelon ; réaction fébrile intense, 40°, délire. Un peu de néphrite, difficulté respiratoire extrême. On applique ventouses scarifiées ; pouls très petit, crachats « marmelade d'abricots » contenant hématies et leucocytes, et microcoques « encapsulés ». Frissons très intenses.

Injection 4 centimètres cubes intraveineuse de rhodium colloïdal. Pas de défervescence après vingt heures. Une injection 2 centimètres cubes sous-cutanée : fièvre tombe à 37°,2 tout d'un coup, deux heures après l'injection. Quelques jours après, la fièvre ne remonte plus, crachats s'améliorent, souffle tubaire disparaît, les sommets se dégagent. Après vingt jours, convalescence.

Obs. 19. — Dr E. Bonta (de Nice).

Mme Anna X..., âgée de soixante-sept ans, domestique, habituellement bien portante, était atteinte d'une pneumonie droite avec fièvre élevée, délire, crachats rouillés caractéristiques, Le 25 au matin je visite la malade avec un confrère et nous jugeons l'état presque désespéré. Malgré des doses assez fortes de digitale et d'huile camphrée, le cœur faiblit, le pouls est presque incomptable, la prostration a succédé au délire, température 39°,8 ; anurie presque complète. Des révulsifs avaient été prescrits les jours précédents. Je continuai cette médication en y ajoutant une injection de Lantol qui fut faite immédiatement. Le soir,

---

(1) *Soc. Méd. des Hôpitaux*, décembre 1911.

l'état ne s'est pas aggravé, la prostration semble moindre, le pouls est meilleur, température 39°. Le lendemain matin la famille est radieuse et considère la malade comme sauvée. Pendant la nuit il y a eu une crise de sueur et elle a uriné assez abondamment, elle cause avec les personnes qui l'entourent, le pouls est assez bon, la température 38°,6, deuxième injection de Lantol. L'état continue à s'améliorer assez rapidement, la température descend à 37°,5 et revient deux jours après à la normale, la convalescence commence dans les meilleures conditions.

Obs. 20. — Dr COMANOS PACHA, membre de la Société khédiviale de médecine (Le Caire). — *Pneumonie septique et gangrène du poumon* (1).

Malade de quarante-sept ans, pas de mauvais antécédents, absence totale de causes étiologiques classiques. L'origine de l'affection est une attaque de grippe prolongée. Au vingtième jour, se déclare de la gangrène pulmonaire annoncée par une haleine très fétide avec tous les symptômes habituels : température élevée, dyspnée, toux fréquente avec expectoration de crachats noirâtres contenant des débris de tissu pulmonaire. La gangrène occupait une partie du lobe supérieur gauche, auquel elle était circonscrite. Le traitement a consisté en injections de Lantol et a amené la guérison complète du malade en trois semaines.

Obs. 21. — Dr BAILLON (Antibes). — *Broncho-pneumonie* (Résumé).

Il s'agissait d'un enfant de deux ans atteint d'une broncho-pneumonie *grave*, suite de coqueluche. Sitôt l'injection de Lantol, la fièvre est tombée et le petit malade est en voie de guérison. Le Dr Baillon ajoute : « C'est là un résultat d'autant plus intéressant que j'avais peu d'espoir. Et je trouve bon, lorsque je rencontre un médicament *utile*, de le reconnaître. »

Obs. 22. — D^r DE MONTILLE (Loire).

Pneumonie massive du poumon gauche chez un alcoolique invétéré qui avait déjà eu il y a cinq ou six ans une pneumonie du même côté. J'ai trouvé que le Rhodium est bien plus efficace que l'argent colloïdal et l'huile camphrée ; j'avais fait en effet les troisième et quatrième jours de la maladie une piqûre d'huile camphrée de 20 centigrammes sans obtenir de changement appréciable, la fièvre était très forte encore le cinquième jour de la maladie, 39°. Je fis une injection sous-cutanée de 2 centimètres cubes de Lantol ; le lendemain, température normale, diminution très considérable des crachats rouillés très abondants encore la veille, râles humides de résolution. Je refis pour plus de sûreté une deuxième piqûre de Lantol, me souvenant de la gravité de sa dernière pneumonie. Le lendemain, guérison presque complète, un tout petit et unique crachat rouillé ; la pneumonie avait tourné court en six jours.

---

(1) *Presse médicale d'Egypte*, 15 décembre 1912.

Obs. 23. — Dr Péchère, Chef de service de médecine infantile Bruxelles). — *Broncho-pneumonie morbilleuse* (1).

H. S..., quatre ans, rougeole accompagnée de catarrhe bronchique. La malade est au troisième jour de l'éruption qui commence à pâlir. Le 22 avril, signe de broncho-pneumonie au sommet droit, la température a remonté, elle atteint 39°,6, le soir. Le 23 avril, broncho-pneumonie de tout le lobe supérieur droit ; à onze heures du matin, 40°, délire, pouls extrêmement rapide, net, régulier, toux quinteuse, fatigante. Le 24 à huit heures du matin, 39°,4, bronchite généralisée, oppression, trois crises convulsives, état précaire. A midi, même situation, la dyspnée est excessive, le pouls n'est pas comptable, il est petit, semble irrégulier. Face vultueuse, peau sèche. Diarrhée depuis deux jours ; jusqu'à ce moment, il a été fait un emploi constant de la camisole mouillée et de suppositoires de quinine, 30 à 40 centigrammes par jour. A quatre heures, la situation semble désespérée, 40°,3. Je fais une injection intramusculaire de 1 centimètre cube de Rhodium colloïdal, répétée deux heures plus tard. A sept heures, 39°,2 ; à neuf heures, 38°,6, l'état général de l'enfant s'est amélioré, le pouls est devenu plus fort. Pas de sudation.

25 avril, à neuf heures du matin, 38°,4, la nuit a été meilleure ; l'oppression est toujours forte, la toux demeure quinteuse et fréquente, nouvelle injection 1/2 centimètre cube de Rhodium colloïdal, pas d'autres antithermiques, sauf un enveloppement humide. A midi, l'état général continue à s'améliorer, 37°,6, le poumon se dégage, le soir à cinq heures 37°,4. Le 26, la température s'est abaissée à 37° le matin, elle atteint 37°,2 le soir. Les râles ont beaucoup diminué, la toux se fait plus grasse, l'enfant a vomi des paquets de glaires. A dater de ce jour, amélioration progressive, et guérison.

Obs. 24. — Dr Mir (Auch). — *Broncho-pneumonie.*

Enfant de dix-huit mois, atteint de broncho-pneumonie consécutive à la rougeole. Depuis dix jours, la température oscille entre 39° et 40°,5 malgré la balnéation à 35° toutes les trois heures et d'une durée de dix à quinze minutes, et les antithermiques employés. L'état du petit malade s'aggravant (facies grippé, dyspnée, extrême sécheresse des muqueuses, agitation continuelle), je lui injectai dans la matinée du 22, 1 centimètre cube et demi de Lantol. Dans la nuit, la température baissait de 1 degré ; deux jours après, deuxième injection de 2 centimètres cubes de Lantol, nouvelle chute de 1 degré ; depuis, la température a continué à baisser pour revenir à la normale. Avec l'abaissement de température, la dyspnée a disparu, le teint est redevenu rose, l'état général est excellent.

En même temps que les injections, j'ai fait prendre au petit malade tous les jours trois capsules de Lantol pulvérisées.

Obs. 25. — Dr Fournié (Saint-Didier-sur-Rochefort). — *Grippe et congestion pulmonaire.*

Une de mes malades, trente-sept ans, présentait une congestion pleuro-pulmonaire d'origine grippale. La maladie suivit pendant trois

---

(1) *La Policlinique de Bruxelles,* 1er décembre 1912.

jours un cours normal, puis subitement s'aggrave. Fièvre au-dessus de 40°, cyanose de la face, délire intense, signes stéthoscopiques plus étendus. Je continuai pendant trente-six heures mon traitement habituel : ventouses scarifiées, stimulants et expectorants. L'état empirait, je considérai ma malade comme perdue ; c'est dans ces conditions que je prescrivis 6 comprimés de Lantol par jour, un chaque quatre heures, la température était prise chaque fois que deux comprimés avaient été administrés ; voici ces températures dans l'ordre :

Soir, 40°,2	*Nuit,* 39°,6	*Matin,* 38°,8
— 39°,7	— 38°,4	— 37°,6
— 38°,3	— 37°,6	— 37°,3

Ensuite la température ne dépassa plus 38° et très rapidement redevint normale en même temps que l'état général s'améliorait avec une rapidité qui m'étonna. Dois-je ce résultat au Lantol? Je le crois ; je l'ai pourtant essayé en sceptique, car j'avais été déçu en des cas semblables par les injections d'argent colloïdal électrique.

Obs. 26. — Dr Raymond PLA (TOULOUSE). — *Pneumonie grave.*

Une première injection abaisse considérablement la température. On continue les injections de Lantol, et à la quatrième, le malade entrait en convalescence.

FIÈVRES TYPHOÏDES

Obs. 27. — Dr OLIVIER. — *Rechute de fièvre typhoïde* (fig. 2).

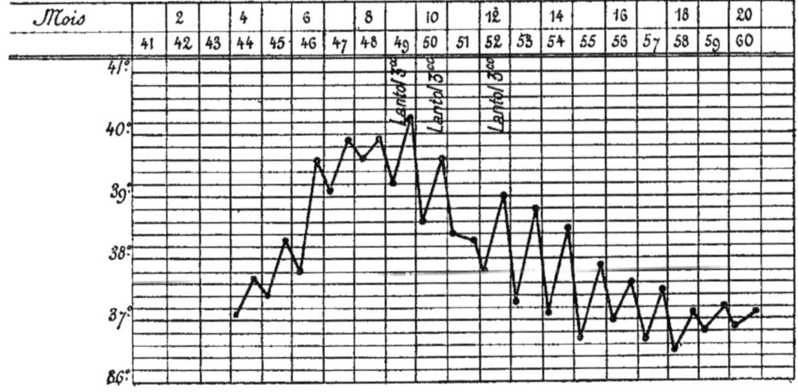

(Fig. 2.)

Obs. 28. — Dr DUCHAMP (Marseille).

M. R..., trente ans, fièvre typhoïde soignée par les enveloppements froids. Bronchite généralisée très intense, congestion pulmonaire du sommet droit avec crachats sanglants, dyspnée vive. Expulse encore au vingt-septième jour plus d'un bol de crachats spumeux en vingt-quatre heures. Cependant état général assez bon, température modérée autour de 38°.

Une piqûre de Lantol de 3 centimètres cubes pratiquée à ce moment détermine l'asséchement des bronches et la chute complète et définitive de la température.

Obs. 29. — Dr DUCHAMP (Marseille).

Mme D..., vingt-trois ans. Fièvre typhoïde depuis le 20 janvier, soumise aux enveloppements froids toutes les trois heures pendant le jour, toutes les cinq heures pendant la nuit. Myocardite ayant résisté aux injections d'huile camphrée, de spartéine, de caféine, à l'adrénaline. État adynamique grave, surdité très accentuée, délire permanent depuis douze jours. La malade urine et fait sous elle. La température oscille entre 38°,9 et 39°,5.

La première injection de Lantol (3 centimètres cubes) est faite le 10 février (vingtième jour de la maladie) à quatre heures du soir. La température descend le même soir à sept heures à 38°,4. Elle oscille les jours suivants entre 38°,2 et 39°,4 avec cependant un état général très amélioré, moins de stupeur ; la malade n'a que rarement des mictions involontaires.

La deuxième injection (3 centimètres cubes) est faite cinq jours après, le 15 février. La température descend le soir même de 39°,2 à 38°,5. Le cœur revient à 90 pulsations régulières et bien frappées, l'état général est bon, la surdité a beaucoup diminué.

Après quelques oscillations, la température tomba en deux jours à 36°,9 le matin, autour et au-dessous de 38° le soir.

Pour mettre fin à cet état je pratique le 27 février une troisième piqûre qui achève la guérison, la température revenant le même soir au-dessous de 37° pour s'y maintenir les jours suivants.

CONCLUSIONS. — Les résultats que j'ai obtenus dans tous les autres cas traités depuis un an m'ont amené à envisager l'action du Lantol dans les fièvres typhoïdes de la façon suivante :

Si la maladie est parvenue à la période d'acmé et surtout si elle est déjà engagée dans le stade de descente, le Lantol provoque *toujours* une amélioration de l'état général, une chute de la température. *Une seule injection de 3 centimètres cubes peut suffire à provoquer la défervescence.* Répétée tant qu'il est nécessaire, de trois jours en trois jours, elle abrège pour le moins la durée de la maladie et précipite la guérison (1).

---

(1) *Province médicale*, 19 avril 1913.

Obs. 30. — Dr CAMOUS, Médecin des Hôpitaux de Nice.

M.A..., vingt-et-un ans, fièvre typhoïde très grave avec myocardite (fig. 3).

Mois	15	16	17	18	19	20	21	22	23	24	25	26	27	28	29
Maladie	11	12	13	14	15	16	17	18	19	20	21	22	23	24	25

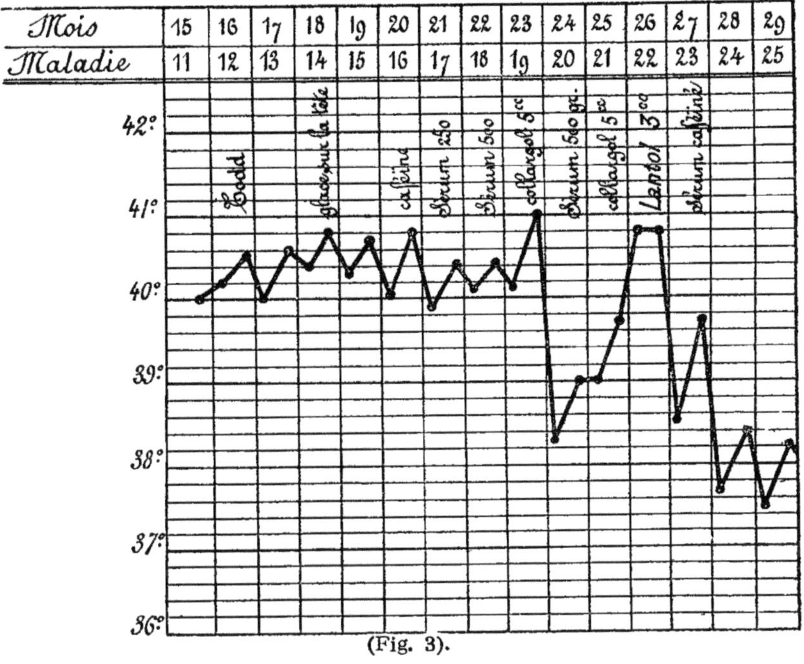

(Fig. 3).

Obs. 31. — Dr CAMOUS (de Nice).

L. O..., trente-deux ans, fièvre typhoïde banale, mais où le Lantol paraît avoir arrêté une reprise (fig. 4).

Mois	22		24		26		28		30		1	2		4		6		
Maladie	23	24	25	26	27	28	29	30	31	32	33	34	35	36	37	38	39	

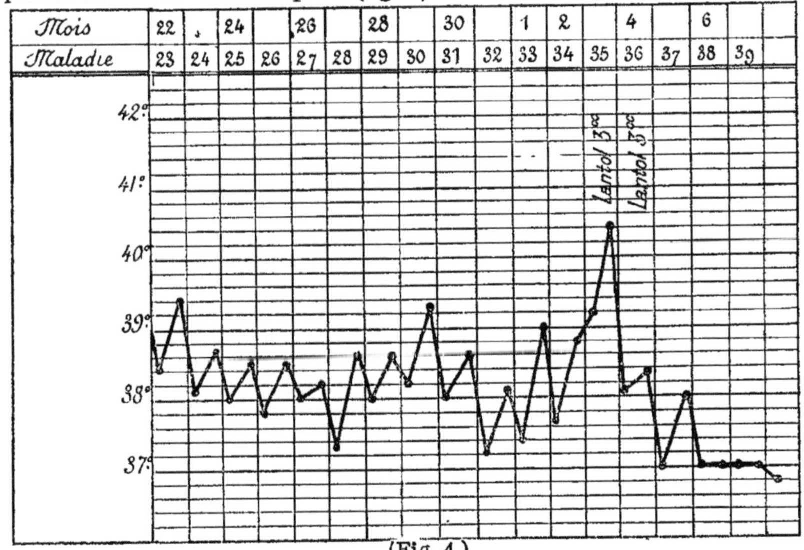

(Fig. 4.)

Obs. 32. — Dr THIROLOIX. — *Fièvre typhoïde* (1).

Modiste, dix-huit ans. Antécédents héréditaires et personnels nuls.
Courbature depuis dix jours, malaise général, fièvre, 38 à 39° le soir ; pouls
à 100-110. Insomnie, céphalée violente, quinine et cryogénine sans action.
Prostration complète, diarrhée opiniâtre, température constante, 39°
et 39°,5. Après quelques jours entre à l'hôpital ; langue rôtie, diarrhée
très fétide, taches rosées, météorisme abdominal et gargouillement léger
dans la fosse iliaque droite. On constate 6 grammes albumine et dicro-
tisme absolu du pouls (100) ; 40° de fièvre.
Prescriptions : bains, puis 5 centimètres cubes Rhodium colloïdal
intraveineux. Un peu de cyanose à la suite de l'injection ; la fièvre tombe
à 37°,6, puis à 37°,3, et la période d'état typhique se continue à 37°,7.
Dès le lendemain de l'injection, la malade se sent mieux, est moins abat-
tue, diarrhée moins fétide et moins persistante ; le mieux continue à se
faire sentir et la malade entre aisément dans la période de déclin, puis de
convalescence, avec beaucoup de résistance. Une injection sous-cutanée
de Rhodium (2 centimètres cubes) a été faite tous les cinq jours après
l'injection intraveineuse.
Avant l'injection : séro-diagnostic positif, diazo-réaction d'Ehrlich
positive.
Soixante-douze heures après l'injection, ces deux réactions sont
négatives.

Obs. 33. — Dr THIROLOIX. — *Fièvre typhoïde* (1).

Couvreur, quarante ans. Antécédents personnels et héréditaires à
peu près nuls : père mort d'accident ; scarlatine à six ans. Souffre depuis
quinze jours, céphalée, prostration, a même eu du délire ; 39° ; quinine ;
aucune action ; tousse beaucoup, vertige, douleurs abdominales, diarrhée
fétide de près de cinq à six jours. Arrive hôpital, taches rosées, séro-
diagnostic positif, météorisme, pouls (110). Le soir, hémorragie intestinale, glace prescrite, fièvre tombe à 37°. Le lendemain soir, fièvre, 40°.
Alors injection, 4 centimètres cubes Rhodium colloïdal, intraveineuse.
Fièvre descend à 37°,3 et y reste constante ; pouls s'améliore ; quatre
jours après, diazo-réaction négative. La période d'état reste stationnaire,
le mieux est sensible et l'organisme bien armé résiste à cette période
d'état qui se passe à basse température. Le malade entre bientôt en convalescence.

Obs. 34, 35, 36, 37, 38 (1).

Cinq autres typhoïdes, une avec complication méningitique, deux
sans complications, deux autres avec hémorragies intestinales, ont été
soignées avec bons résultats, avec des injections de 3 à 5 centimètres
cubes de Rhodium colloïdal, intraveineuses. Chaque fois la période d'état
se passe à basse température, chaque fois hyperleucocytose et entrée dans
la période de déclin et de convalescence avec le maximum de résistance.
Chaque fois l'albumine, dans les cas 35 et 37, a diminué, les chlorures ont augmenté, l'indol a presque disparu (donc plus d'auto-intoxi-
cation intestinale), ainsi que l'urobiline.

---

(1) *Soc. méd. des Hôpitaux,* 21 décembre 1911.

Obs. 39. — Dr Raymond PLA (Toulouse). — *Typhoïde et infection générale.*

On fait une première injection de 9 centimètres cubes, résultat « merveilleux ». Plusieurs autres injections sont faites ensuite qui amènent rapidement la guérison.

Obs. 40. — Le Dr LEGRAND, Médecin de l'Hôpital européen d'Alexandrie, signale un cas de *pyohémie typhique* où le Lantol a produit un effet des plus heureux.

Obs. 41. — Dr PÉCHÈRE, Chef de service de Médecine infantile (Bruxelles). — *Gastro-entérite paratyphoïde* (1).

G. Van L...., onze ans. Malade depuis dix jours, lorsque je le vois pour la première fois. A présenté jusqu'alors du catarrhe gastro-intestinal avec poussées fébriles irrégulières. Aspect typhique ; langue blanche. Pas d'hypertrophie du foie ni de la rate ; pas de taches rosées. Ventre un peu ballonné, constipation depuis deux jours, 38°,2 à cinq heures du soir.

Le lendemain, 23 septembre, 39°,8 le matin, à quatre heures du soir 39°,9. Deux selles abondantes et liquides à la suite d'un purgatif au sulfate de soude ; délire tranquille ; un vomissement. Pour le reste même état, le cœur et les poumons sont intacts, pouls à 120, régulier, non dicrote. Le séro-diagnostic de la fièvre typhoïde est négatif. Traitement : lait coupé d'eau de Vichy, lotions vinaigrées, 50 centigrammes d'antipyrine. A huit heures du soir, 40°,1, nuit très agitée, délire.

Le 24 septembre, température à sept heures du matin 37°,2. Pas de selles. Même état et mêmes constatations symptomatiques. A midi, 39°,5, un vomissement bilieux, 50 centigrammes d'antipyrine. A six heures du soir, 39°,9, abattement très prononcé, pouls à 130, régulier, petit, bondissant. Maux de tête violents, frissons répétés, délire tranquille.

Je pratique une injection intraveineuse de rhodium colloïdal de 1/2 centimètre cube. A neuf heures, 38°,7.

Le 25 septembre, à sept heures du matin, 38°,4, la nuit a été plus tranquille, pas de selles malgré un lavement ; nouvelle injection intraveineuse de 1/2 centimètre cube de rhodium colloïdal, soit 1/10 de milligramme de substance active. A midi, 37°,4. Le malade a dormi et a beaucoup transpiré ; il demande à manger pour la première fois depuis quinze jours.

Il reçoit du lait coupé. A quatre heures, 37°,2, pouls à 80 régulier et faible ; à six heures, 37°,6. La nuit est bonne, une selle liquide extrêmement abondante et fétide vers cinq heures du matin.

A partir de ce moment l'amélioration continue. Le 1er octobre l'enfant se lève et fait sa première sortie le 3 octobre.

SCARLATINE

Dr DELON (Toulouse).

Dans deux cas de scarlatine, j'ai usé des injections de Lantol, faites dans un cas dès l'apparition de l'angine ; en pleine éruption, dans le second.

Dans ce dernier cas (enfant de dix ans et demi), une injection matin

---

(1) *La Policlinique de Bruxelles,* 1er décembre 1912.

et soir pendant trois jours, et une seule pendant deux autres jours ont permis à la scarlatine d'évoluer d'une façon bénigne.

La sœur de cette enfant (âgée de trois ans) présente, trois jours après le début de la maladie de sa sœur, des symptômes de suffocation et d'oppression très violents. Appelé dans la nuit auprès de cette malade, je commence en plus d'une médication sédative appropriée, des injections de Lantol : la fièvre qui dans la nuit avait été de 39°,8 tombe à 37°,7, et ne monte plus depuis ce moment au-dessus de 39°. L'éruption se fait ensuite normalement, et la maladie suit son cours normal. En tout, cinq injections de Lantol.

MÉNINGITES

Obs. 42. — Dr Comanos Pacha, Médecin en chef de l'Hôpital hellénique du Caire (1).

Soudanais nègre de trente-cinq ans. Au début il fut traité par le sérum sans présenter aucune amélioration ; au cinquième jour de la maladie, malgré les doses élevées de sérum qu'il avait reçues, son état était si grave (perte totale de connaissance, presque coma) que nous le fîmes transporter dans la chambre des agonisants.

Nous eûmes alors l'idée d'essayer le Lantol, Rhodium colloïdal électrique, procédé André Lancien, et nous fîmes une injection intramusculaire de cette préparation à ce malade dont l'état était désespéré.

Le lendemain, à notre arrivée à l'hôpital, nous eûmes la surprise extrême d'apprendre et de constater que notre malade présentait une amélioration inespérée. Nous continuâmes le traitement par le Lantol que nous employions pour la première fois, à raison de 2 ampoules de 3 centimètres cubes par jour. La convalescence commençait au bout de cinq jours et le malade sortait de l'hôpital quinze jours après, complètement guéri.

Obs. 43. — Dr Péchère, Chef de service de Médecine infantile (Bruxelles). — *Grippe à forme méningée* (2).

H. de L..., âgé de six ans, n'a jamais été sérieusement malade. Le 12 février dernier, on le fait s'aliter pour une toux quinteuse accompagnée de fièvre intense qui avait débuté l'avant-veille. Je le vois le 14 au soir. Diagnostic : Bronchite grippale ; 39°,8.

Les jours suivants, la maladie progresse. Les petites bronches s'entreprennent, l'état devient alarmant. Mais, grâce aux enveloppements humides et à l'emploi de la quinine en suppositoires, la température, qui avait atteint 40°,8 le 16 à cinq heures du soir, descend et se tient le 17 et le 18 février aux environs de 38°,5. A partir du 18, les symptômes pulmonaires s'amendent et l'état général s'améliore. Le 19, à huit heures du matin, l'enfant est beaucoup mieux, il demande à jouer. Toux grasse abondante, le pouls est à 100, la température à 37°,6, la circulation pulmonaire est rétablie.

---

(1) *Revue Intern. de méd. et de chir.*, octobre 1912.
(2) *La Policlinique de Bruxelles* 1er décembre 1912.

Je suis rappelé d'urgence le soir du même jour : dans le milieu de la journée, l'enfant s'est montré abattu et s'est plaint de mal à la tête ; cette céphalalgie a été en s'accentuant, elle arrache des cris au petit malade ; celui-ci est couché sur le côté droit, la tête droite, les yeux mi-clos, les bras contractés sur la poitrine, les jambes pliées. Avec beaucoup de peine, j'arrive à l'examiner. Je ne découvre rien de nouveau du côté des poumons, la langue est saburrale, mais l'examen de l'appareil digestif ne m'apprend rien ; rien à la gorge ni aux oreilles ; la température est de 39°,4. Enveloppements humides, compresses froides sur la tête, suppositoires de quinine. Le 20, la céphalalgie semble augmenter, il y a un peu de raideur de la nuque ; le matin, 39°,2, le soir, 39°,8 ; constipation, calomel 10 centigrammes, glace sur la tête.

Le 21, signe de Kernig, raideur de la nuque très nette.

Pouls irrégulier à 136. Deux selles liquides, un vomissement, l'enfant tousse moins, la poitrine se libère ; même traitement, y compris le drap mouillé tiède et 50 centigrammes de quinine en suppositoire.

Le 22, aggravation des symptômes méningés, constipation, toujours rien à trouver ailleurs ; 39°,8 le matin, 38°,9 le soir ; je propose une ponction lombaire qui est refusée ; 60 centigrammes de quinine.

La nuit du 22 au 23, la température monte à 40°,1 ; vers onze heures, l'enfant a eu plusieurs vomissements et se plaint beaucoup de la tête.

Il y a de la photophobie très accusée et un délire violent. A deux heures du matin, même état, un vomissement, 39°,7 ; à quatre heures, 40°,2.

Je fais une injection intramusculaire de 1 centimètre cube de Rhodium colloïdal renfermant deux dixièmes de milligramme. A six heures l'enfant s'est endormi profondément, ce qui ne lui était pas arrivé depuis trois jours ; il se réveille vers sept heures en se plaignant encore de la tête, 38°,2.

Nouvelle injection intramusculaire de 1 centimètre cube de Rhodium colloïdal. Le 23, à onze heures du matin, l'enfant a beaucoup sommeillé, n'a plus vomi, la nuque est moins raide, le pouls a 110, encore un peu irrégulier, le signe de Kernig était douteux. Pour la première fois je puis faire un examen utile des pupilles, elles sont dilatées inégalement, 37°,4. Je fais supprimer tous médicaments.

Je le revois à quatre heures après-midi, le petit malade dort tranquillement ; à cinq heures, 37°,6, à sept heures 37°,2. A partir de ce jour, tous les phénomènes morbides se sont évanouis graduellement et rapidement, la fièvre disparut définitivement. Le 27, l'enfant s'alimentait normalement ; le 2 mars il se levait, le 4 mars il était guéri.

PÉRITONITES

Obs. 44. — Dr Henri DALAGÉNIÈRE, Chirurgien des Hôpitaux, et Dr H. HAMEL (Le Mans) (1).

L... André, âgé de quatorze ans, a présenté le 18 mars des coliques qui l'obligèrent à s'aliter. Elles furent particulièrement marquées à droite dans la journée du 20, puis une accalmie survint.

---

(1) *Arch. méd. chir. de Province*, juin 1912.

Le 23, vomissements qui d'alimentaires devinrent vite bilieux. Pas de selle depuis le 22. Le 25, après des traitements divers, l'enfant est amené à la clinique.

Examen le 25 mars. — Respiration difficile, par inspirations profondes et espacées. Pouls précipité, face pâle avec pommettes rouge vif. Vomissements fréquents. 38°.

Légère voussure de la région appendiculaire ; matité localisée au flanc droit ; pas de résistance musculaire de la région empâtée. L'état de dépression du malade est si marqué qu'on redoute une anesthésie générale, 2 centimètres cubes de novocaïne sont donc injectés dans le liquide céphalo-rachidien.

Opération. — Incision transversale au niveau de l'épine iliaque antérieure. Magma formé d'adhérences unissant péritoine et intestin. Un pus épais s'écoule de la cavité ainsi délimitée et, les adhérences libérées, on trouve l'appendice postérieur perforé, très adhérent, gros, vasculaire.

L'appendice est sectionné au thermocautère et le moignon enfoui. Un autre paquet d'adhérences tient le côlon transverse accolé dans la région cæcale ; le côlon présente une plaque ecchymotique ; on place deux gros drains et une réfection partielle de la paroi est faite par deux crins.

Le 25 mars. — Au soir le malade se sent soulagé. 38°.

Le 26 mars. — Le malade est calme, son état semble satisfaisant. Mais le pouls est petit, mal frappé.

Le 27 mars. — La maladie s'est aggravée rapidement. Abattement et prostration extrêmes. Somnolence. Vomissements fécaloïdes. Les lavages d'estomac ramènent un liquide noir, fécaloïde. Constipation absolue, 36°,7,8. Pouls petit, rapide. Une injection intra-venineuse de 3 centimètres cubes de rhodium colloïdal est faite dans la basilique.

Le 28 mars. — Le malade a eu dans la nuit quatre secousses épileptiformes. Il a des vomissements noirs, et les trois lavages d'estomac ramènent du liquide fécaloïde en abondance. Le pouls est très rapide, la température à 38°,4. On injecte dans la veine 2 centimètres cubes de rhodium, vers onze heures, le matin.

Vers deux heures, trismus, convulsions toniques, congestion violette de la face. Le pouls est filiforme, incomptable. Les yeux sont révulsés, mydriatiques, *l'amaurose est complète.* Respiration stertoreuse ; on injecte de l'huile camphrée et de la caféine dans la nuit.

Le 29 mars. — Le reste de la nuit a été bon ; le malade peu à peu s'est calmé et a dormi. Il ne vomit plus, mais a quelques nausées. Un lavage d'estomac, fait le matin, ramène une quantité considérable de matières fécaloïdes. L'amaurose a disparu. Les urines sont rares et foncées, et les lavages intestinaux ne ramènent pas de matières. 37°,6. Pouls rapide. Injection intraveineuse de 3 centimètres cubes de rhodium.

Le 30 mars. — Sommeil calme toute la nuit. 37°. Pouls : 125.

Le matin, le lavage d'estomac ramène des matières fécaloïdes, mais en moindre abondance que précédemment. Les urines sont claires, abondantes.

Le soir, le lavage d'estomac revient propre, le lavage intestinal amène quelques matières. 36°,4. Pouls : 104.

Injection intraveineuse de rhodium : 2 centimètres cubes.

Le 31 mars. — 36°,6. Pouls : 86. Le lavage intestinal amène des matières. Ni lavage intestinal, ni rhodium.

Le 1er avril. — Nuit agitée. 36°,4. Pouls : 103. Urines claires et abondantes ; selles par lavage intestinal.

Le 2 avril. — Nuit : nausées, agitation, gêne respiratoire. Un lavage d'estomac ramène une grande quantité de liquide jaunâtre d'odeur fade.

Sept heures du matin : Malade abattu, face blafarde, yeux cernés, 20 inspirations par minute. 36°. Pouls : 84. On donne une cuillerée à café d'huile de ricin.

Dix heures : Ventre très ballonné. Borborygmes, une selle spontanée, une selle par lavage, somnolence.

Deux heures soir : Nausées. Vomissement peu abondant. Un lavage d'estomac ramène un litre et demi de liquide jaunâtre d'odeur fade. Pouls : 131. Troubles de la vue.

Cinq heures soir : Amaurose presque totale. Respiration agitée, lavage d'estomac ramenant un liquide d'odeur infecte. Injection intraveineuse de 2 centimètres cubes de rhodium.

Huit heures soir : Un lavage amène une grande quantité de liquide infecté. Céphalée violente ; injection intraveineuse de 200 grammes de sérum.

Dix heures : Selle spontanée d'odeur infecte.

Le 3 avril. — Nuit calme. Bon sommeil. 37°. Pouls : 106. Urines claires très abondantes. Bon facies. Respiration régulière et facile. Un lavage intestinal ramène quelques matières, le lavage d'estomac revient clair. Injection de 3 centimètres cubes de rhodium dans une veine.

Le 4 avril. — Température et pouls normaux. Trois selles par lavements. Urines claires et abondantes. Le malade boit du lait qui est bien digéré.

Injection de 3 centimètres cubes de rhodium.

Les 5 et 6 avril. — Bon état général. On injecte encore 3 centimètres cubes de rhodium.

Le 22 avril, le malade est guéri, sa plaie est cicatrisée et il s'alimente normalement.

Il nous paraît intéressant de signaler la gravité de l'infection, la récidive des accidents toxiques.

Notons enfin que les phénomènes basilaires et corticaux, mydriase, amaurose, convulsions, n'étaient pas vraisemblablement imputables à la médication, puisque nous les voyons réapparaître lors de la rechute ; d'ailleurs il nous a été donné, comme à tous les praticiens, de les observer dans de nombreux cas de toxémies de diverses origines.

A notre époque où les soins post-opératoires jouent un si grand rôle, où (comme le dit notre collègue Henri LERAT, de Nantes, dans son travail considérable sur le traitement des péritonites) on peut sauver les malades considérés comme désespérés grâce à une médication opportune énergique, il nous a semblé intéressant pour tous de voir les résultats donnés par un métal colloïdal d'une grande activité.

Obs. 45. — Dr Savarikad, Chirurgien de l'Hôpital de Salonique.

Salle des femmes, nº 6. Z. S..., âgée de quarante ans. Péritonite généralisée par perforation appendiculaire. Elle a été opérée d'urgence il y a un mois, état général toujours mauvais, température 37º,5 le matin ; 39º,5, 40º et même 41º le soir. Cette température a continué jusqu'au moment de l'injection de Lantol (3 centimètres cubes) faite le soir. A partir de ce moment la température élevée a disparu pendant deux jours pour rester entre 36º,5 et 37º. Une nouvelle hausse de température est alors survenue par suite d'accidents locaux.

Obs. 46. — Dr A. Regett (Sainte-Foi-la-Grande).

Femme, opérée de laparotomie, atteinte de troubles infectieux post-opératoires du péritoine, caractérisés par une température de 39º et un pouls de 140º. Je lui ai injecté du Lantol à raison de 3 centimètres cubes par injection. A la troisième piqûre, la température a baissé aux environs de 37º et est ensuite restée normale, le pouls est redevenu normal lui aussi, et les phénomènes graves ont disparu.

Obs. 47. — Dr Dupuy de Frenelle (Paris).

Je suis appelé en consultation avec les Drs V. T... et B... auprès d'une enfant d'une dizaine d'années. Cette enfant, très affaiblie par une angine infectieuse fort maligne qui commençait à céder, dans un état sub-comateux avec une langue sèche, rôtie, 39º,2 et un pouls oscillant entre 120 et 150, accusait en outre depuis la veille des douleurs dans tout l'abdomen avec prédominance légèrement marquée vers la droite. Le diagnostic du premier d'entre nous fut septicémie pronostiquée extrêmement grave, pas d'opération ; le diagnostic du second fut septicémie, appendicite septique, état général trop grave pour que l'opération puisse être proposée ; le diagnostic du Dr V... fut appendicite avec septicémie. Mon diagnostic était appendicite à forme gangreneuse, avec péritonite septique, datant d'au moins un jour, mort certaine sans opération, mort très probable malgré l'opération. Étant donné le peu d'espoir qu'il m'était possible de promettre dans l'acte opératoire, aucun médecin ne fut d'avis de pratiquer une intervention qui avait les plus grandes chances d'être fatale sur l'heure. La famille était tout à fait hostile à l'intervention. J'instituai alors un traitement dont la base fut une injection de 2 centimètres cubes de Lantol matin et soir ; les jours suivants une amélioration se produisit, la température baissa aux environs de 38º, le pouls oscillant de 100 à 120. La péritonite sembla se circonscrire dans l'hypocondre droit, à un tel point que le quatrième jour nous commencions à retrouver un certain espoir. Malheureusement, succombant à son intoxication, le cinquième jour, l'enfant s'éteignit très doucement au milieu de la nuit. Notre avis à tous, le premier jour, avait été que cette enfant ne devait pas vivre quarante-huit heures et qu'elle était irrémédiablement perdue.

Le Dr Thiroloix a traité 5 cas de septicémies post-opératoires : trois hystérectomies, deux abcès du foie, après lesquels il y avait eu 38º et 38º,5. On a fait une *injection sous-cutanée* de 3 centimètres cubes de rhodium colloïdal. La température est descendue pour ne plus remonter.

Obs. 48. — Dr Walch (Le Havre). — *Contusions abdominales. Sutures* (fig. 5).

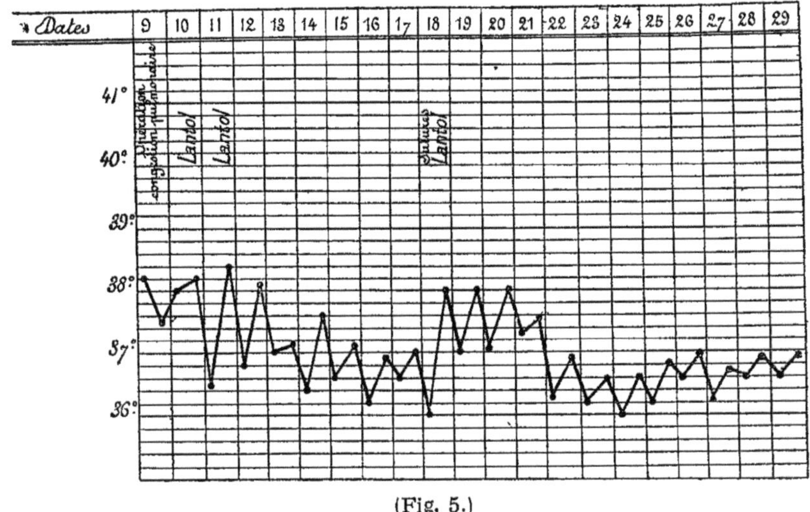

(Fig. 5.)

TUBERCULOSE

Le Dr Duchamp (de Marseille) a résumé ainsi la conclusion qu'il a tirée des cas de tuberculose fébrile traités par lui :

« Dans la tuberculose pulmonaire fébrile, le Lantol, pas plus que les autres colloïdaux, ne suffit à lui seul à abaisser la température et à enrayer la maladie. Les injections de nucléinate de soude sont également inefficaces. Nous avons songé à employer concurremment ces deux médicaments dans trois cas de tuberculose à marche aiguë et à forme hémoptoïque dans la proportion de 3 centimètres cubes de Lantol tous les trois à cinq jours et de 1 à 2 centimètres cubes de nucléinate de soude chaque jour. Nous avons obtenu dans l'espace de sept à vingt jours une chute progressive et régulière de la température avec arrêt des hémoptysies et de l'aggravation lésionnelle.

Après divers essais j'avais abandonné l'usage des colloïdaux électriques pour leur préférer l'argent colloïdal chimique, Collargol. Par sa stabilité, par cette régularité et cette intensité d'action dont je viens de constater des exemples, le Rhodium colloïdal électrique sous forme de Lantol me paraît à l'heure actuelle préférable à tous. »

D'autre part, l'action du Rhodium colloïdal a été nettement établie par le Dr Thiroloix (1) dans les infections secondaires des tuberculeux, ainsi qu'il résulte des lignes ci-contre :

____

(1) *Soc. méd. des Hôpitaux*, 21 décembre 1911.

« *Infections secondaires des tuberculeux.* — Nous avons pris une salle de 32 tuberculeux, tous antécédents héréditaires mauvais, et bacillaires tous aux 2e et 3e degrés. Age variant entre dix-huit et trente-cinq ans.

« Tous les cinq jours, pendant deux mois, injections hypodermiques de 3 centimètres cubes de rhodium colloïdal à 30 d'entre eux.

« Ces injections se sont fort bien résorbées et ont été très bien supportées. Toujours la température est descendue à 37°, 37°,5.

« Les analyses d'urine ont été faites chez tous ces bacillaires avant l'injection et tous les quatre jours après les injections. Toujours nous avons eu : augmentation de l'acide urique, des chlorures, disparition de l'indol, de l'urobiline, et diminution sensible de l'albumine. Ces bacillaires se considéraient comme infiniment mieux et avaient beaucoup d'appétit. »

Des résultats analogues ont été obtenus en Égypte par le Dr Youssif, et il est intéressant de noter que le Lantol donne d'aussi bons résultats dans les tuberculoses osseuses, ainsi qu'il résulte de l'observation ci-dessous du Dr Péchère (de Bruxelles) (1).

Obs. 49. — *Ostéo-périostite tuberculeuse.*

S. M..., douze ans, hérédité tuberculeuse, constitution débile, tempérament scrofuleux, a eu de l'adénite cervicale suppurée pendant de longs mois à l'âge de cinq ou sept ans ; reçoit, en janvier 1912, un coup de pied au-devant du tiers inférieur du tibia droit. Douleurs, ecchymose. gonflement. Au bout de quatre à cinq jours tout rentre dans l'ordre, sauf qu'il persiste un peu de gonflement à l'endroit traumatisé, lequel reste douloureux à la pression. Fin avril, douleurs dans toute la jambe droite, marche pénible, quelques accès de fièvre, bref, périostite.

Malgré le traitement institué le 14 juin S. M..., est pris brusquement dans l'après-midi d'un violent frisson qui le fait s'aliter. Température : 39°,2 ; douleurs modérées dans toute la jambe droite qui est très chaude et un peu tuméfiée à la place jadis lésée. Celle-ci est extrêmement sensible à la pression. Repos absolu, application de glace *loco dolenti.* Le 16 juin, huit heures matin, 37°,8 ; le soir à six heures, 38°,9. Le 17, neuf heures matin, 37°,4 ; soir cinq heures, 39°,1. Le 18 juin, huit heures matin, 38°, frisson, céphalalgie intense, facies injecté. Anorexie complète, douleurs irradiées dans tout le membre, l'endroit malade est très peu tuméfié, mais fort douloureux à la pression, pas de traces de ramollissement, légère adénite inguinale. Je propose une consultation avec un chirurgien ; le confrère choisi par la famille est absent de Bruxelles pour trois jours, la consultation est remise à son retour. A six heures du soir, grand frisson, température 40°,1 ; je pratique une injection intraveineuse d'un demi-centimètre cube de rhodium colloïdal, soit donc 1/10 de milligramme de métal : à sept heures 39°,8 ; à huit heures 40°,2 ; nouvelle injection d'un demi-centimètre cube, à dix heures 38°,6.

Le 19 juin à sept heures et demie matin, 37°,4 ; nouvelle injection

---

(1) *La Policlinique de Bruxelles,* décembre 1912.

d'un demi centimètre cube de rhodium en vue surtout de prévenir un accès fébrile vespéral possible. A midi, 37º,2 ; à cinq heures, 37º,4 ; à huit heures, 37º,2.

Le 20 juin, huit heures matin, 36º,9 ; les douleurs subjectives ont complètement disparu, il ne persiste plus à l'endroit malade qu'une sensibilité un peu exagérée à la pression. Les ganglions inguinaux ont diminué de volume, l'état général est si amélioré que les parents renoncent à la consultation projetée. Les jours suivants, l'amélioration s'accentue, le 1er juillet, l'enfant repart pour la mer.

PHLEGMONS,
SPHACÈLES, SEPTICÉMIES TRAUMATIQUES

Obs. 50. — Dr GALLERAND (Marseille). — *Adéno-phlegmon.*

En septembre 1912, j'étais appelé auprès d'un nommé L..., âgé de trente-deux ans, atteint d'adéno-phlegmon sous-maxillaire gauche. L'état général était alors assez bon ; la température, qui cependant atteignait 39º, relevait nettement de cette infection locale ; les bruits du cœur étaient bien frappés, et rien dans cet état ne paraissait bien inquiétant.

Une large incision faite immédiatement avec toutes les règles d'asepsie donna issue à un pus bien collecté, et dont l'écoulement fut favorisé par le drainage.

Pendant les jours suivants, l'état général s'aggrava considérablement, les températures oscillèrent entre 39º et 40º, le pouls monta à 130, les bruits du cœur devinrent sourds et mal frappés, délire, carphologie. En un mot, je constatai tous les signes d'une infection généralisée grave. L'écoulement du pus s'était arrêté, mais il persistait de l'empâtement de la région sans fluctuation. J'instituai comme traitement général : acétate d'ammoniaque, cannelle, injection de spartéine, huile camphrée, bains tièdes.

La dyspnée augmenta de jour en jour, et je constatai, cinq jours après le début de cet accident, une pneumonie gauche très forte. Les phénomènes généraux allant en s'accentuant, j'ajoutai au traitement les injections de Lantol : je fis le premier jour deux ampoules de 3 centimètres cubes, en injections hypodermiques, et je continuai à raison d'une ampoule par jour pendant les jours suivants jusqu'à six ampoules. Dès le second jour, les symptômes inquiétants s'amendèrent, le délire cessa, et la température diminua sensiblement. Le huitième jour du traitement, le malade était hors de danger.

En résumé, dans ce cas d'infection généralisée avec symptômes excessivement graves, l'action du Lantol m'a paru incontestable.

Obs. 51. — Dr F. MONOD (Paris). — *Sphacèle à la suite d'amputation.*

Dame X..., ayant eu un accident de voiture, l'avant-pied complètement broyé. Fut conduite à l'hôpital où on dut lui faire une amputation atypique de Lisfranc. Dès le lendemain, une partie du lambeau s'est sphacélé, dans sa partie externe et plantaire. La température s'est élevée et un moment on craint d'être obligé de pratiquer une amputation de la jambe. Je pratique alors des injections sous-cutanées de Lantol à raison de quatre ampoules par jour (12 centimètres cubes) en deux fois. Dès le lendemain, la température commence à redescendre et redevient normale au bout de deux jours. Le sphacèle s'est limité et est resté superficiel, la lymphangite qui l'accompagnait a rétrocédé, et le résultat, qui un moment avait paru très compromis, a été parfait.

Obs. 52. — Dr Despaigne (Paris). — *Lymphangite.*

Jeune femme de vingt-six ans, qui, après avoir subi une morsure légère de chien au niveau du poignet droit, fut atteinte, vingt-quatre heures après, de lymphangite réticulaire, puis d'adénite de l'aisselle. Température : 39°.

Vingt-quatre heures après, l'état local s'est aggravé, la température est de 41° ; au traitement par les bains de bras, on ajoute un traitement interne par les capsules de Lantol, et en vingt-quatre heures la température tombe à 38° pour redevenir normale bientôt après, pendant que les phénomènes locaux disparaissent.

Cette observation est à rapprocher de celle du Dr G. B... (de Paris), qui signale « le remarquable effet obtenu dans un cas de phlegmon anthracoïde de l'avant-bras qui paraissait prendre une mauvaise tournure et qui a tourné court vingt-quatre heures après l'injection de deux ampoules de Lantol. Il y a là, certainement, autre chose qu'une coïncidence ».

Obs. 53. — Dr Narciso Sousa, Mérida (Mexique). — *Phlegmon.*

Jeune homme de vingt-cinq ans atteint d'un phlegmon périanal à la suite d'exercice de cheval, il y a quelques années ; ce phlegmon fut opéré et disparut. L'année suivante, nouveau phlegmon opéré de même ; un an après et toujours à la même place, nouveau phlegmon, qui récidive d'abord tous les trois ou quatre mois, puis bientôt à peu près tous les mois. Au bout de trois ou quatre jours, il sortait spontanément un pus caractéristique très fétide et se tarissant peu à peu jusqu'à cicatrisation de la plaie. Ces récidives faisaient craindre la formation d'une fistule et j'étais résolu à procéder à un large grattage à la première occasion. Quand de nouveau le phlegmon fit son apparition, constatant qu'il était fluctuant, je fis une aspiration de tout le pus, après quoi je remplis la cavité avec la solution de Lantol.

Le jour suivant, nouvelle aspiration, et nouvelle injection de Lantol ; deux jours plus tard, troisième aspiration et troisième injection. La guérison survint rapidement, et il ne s'est pas produit de récidive depuis cinq mois.

Obs. 54. — Dr Savarikad (Salonique). — *Septicémie à la suite de traumatisme.*

Salle des hommes, n° 88. O. N... Plaie par arme à feu à la jambe gauche il y a seize jours ; température : 38°, 38°,5, 39°. Drainages, irri-

gations, etc., qui ne produisent aucune amélioration, la température
este aussi élevée. On fait alors une injection intraveineuse de Lantol.
température 39° ; quatre heures après, 37°,3 ; le lendemain matin, 37°.
Cette apyrexie continue jusqu'à la guérison complète.

Obs. 55. — Dr SAVARIKAD (Salonique). — *Septicémie à la suite
de traumatisme.*

Dans la même salle, n° 97. L. P..., vingt-huit ans, septicémie à la
suite d'un traumatisme par revolver à la cuisse droite ; température 38°,
puis 39°,5, par suite de la formation d'un phlegmon. Le foyer est ouvert
au thermocautère et largement drainé. Au bout de six jours, la température étant aussi élevée, on pratique une injection intraveineuse de
3 centimètres cubes de Lantol ; le lendemain, 36°,5, 37°,4, qui se continue jusqu'à la guérison.

LEUCÉMIE

Le Dr Van YSENDICK, de Bruxelles, a employé le Lantol dans
le traitement de la leucémie et il signale le cas d'une personne de soixante-
sept ans dont l'état était le suivant : après une saison à Cannes, cette
malade lui arrive prostrée, avec des alternatives d'hyperthermie (39°,5)
et d'hypothermie. Elle ne peut supporter aucune nourriture, son état est
tel qu'il nécessite presque journellement des piqûres d'huile camphrée,
de cacodylate de soude, et aussi d'éther deux fois au cours d'états coma-
teux, avec atonie absolue.

Ce traitement a été suivi depuis le début de mars jusqu'au 18 mai,
à ce moment le Dr Ysendick injecte 3 centimètres cubes de Lantol
et répète quotidiennement ces injections pendant cinq jours. A la suite
de ce traitement, il n'y a plus de température, plus de prostration, les
aliments (viande et poisson) sont parfaitement supportés.

OTITE AIGUË

Obs. 56. — Dr HARDYAN (Le Mans).

Enfant atteinte de diphtérie ; deux injections de sérum. Immédiatement après, scarlatine grave. Vers la fin, alors que la température
était redevenue normale, il se déclare une otite aiguë droite avec température axillaire dépassant 40°. Appelé en consultation à ce moment,
je n'ai pas trouvé d'indication opératoire nette, et j'ai conseillé le Lantol
pour combattre l'infection généralisée profonde. Il y eut d'abord une
continuation de l'ascension thermique, puis une baisse sensible en même
temps que l'état s'améliorait. J'ai cessé de soigner l'enfant après la
disparition de température, et les injections ont été abandonnées malgré
l'existence d'un pseudo-rhumatisme d'origine nettement infectieuse ;
actuellement, l'enfant est beaucoup mieux, mais cependant elle ne se
lève pas encore.

RHUMATISMES

Obs. 57. — Dr MANINE, médecin de première classe de la marine, professeur à l'École de Rochefort. — *Arthrite purulente du genou* (1).

Le matelot Cas..., vingt-huit ans, entre à l'hôpital pour rhumatisme articulaire aigu, le 5 février 1913. État général peu satisfaisant ; sueurs profuses, insomnie, fièvre. Genou droit gros et douloureux ; gonflement œdémateux périrotulien.

A noter, dans les antécédents, une contusion du genou droit en 1903, et une crise de rhumatisme articulaire en 1905.

Cas... est soumis au traitement par le salicylate et l'immobilisation du genou. Persistance de la fièvre, gonflement du genou de plus en plus accusé.

Le 18 février, ponction du genou. On retire 200 centimètres cubes d'un liquide purulent verdâtre. Le gonflement se reproduit les jours suivants. On pratique une nouvelle ponction évacuatrice, réapparition rapide du gonflement.

Le 28 février, ponction et injection d'argent colloïdal électrique (10 centimètres cubes).

Le 2 mars, ponction et deuxième injection d'argent colloïdal électrique (10 centimètres cubes).

Les jours suivants, selles diarrhéiques. Le genou redevient gros et douloureux. L'état général reste peu satisfaisant.

Le 10 mars, ponction ; elle ramène du liquide teinté en jaune et qui est constitué en partie par l'argent injecté lors des dernières ponctions et non résorbé. En effet l'analyse micro-chimique y a décelé de l'argent. Après la ponction, injection de Rhodium colloïdal (6 centimètres cubes) mis à notre disposition par M. André Lancien. Dès le lendemain, il se manifeste, dans l'état du genou, une amélioration qui s'accentue de jour en jour. En même temps, chute de la fièvre et amélioration de l'état général qui devient de plus en plus satisfaisant.

Le 3 avril, le genou a repris son état normal. Mouvements faciles, non douloureux. Le matelot Cas... quitte l'hôpital en très bon état.

Nature de l'infection. — L'examen du liquide retiré par ponction a démontré qu'il s'agissait non d'une infection à pneumocoque, comme on aurait pu le croire d'après l'aspect du liquide, mais bien d'une infection produite par un diplocoque.

Traitement. — Aucun résultat n'a été obtenu par le salicylate ni par les ponctions évacuatrices. Deux ponctions ont été suivies d'injection d'argent colloïdal électrique. Pas d'amélioration appréciable. De plus, après la deuxième injection, le malade a eu pendant trois jours des selles diarrhéiques. En outre, l'argent colloïdal injecté n'était pas encore complètement résorbé huit jours après l'injection.

En dernier lieu, nous avons eu recours au Rhodium colloïdal électrique. Il a produit des résultats aussi surprenants que rapides. Une autre injection de Rhodium (6 centimètres cubes) a été pratiquée dans

____

(1) *Soc. méd. des Hôpitaux*, 6 juin 1913.

l'articulation à l'endroit où l'on avait fait des injections d'argent colloïdal. L'aspect du genou s'est de suite modifié. Il y a eu une ascension thermique (38°,6) après l'injection. Mais dès le lendemain, la température est redevenue normale. Actuellement l'état local et l'état général sont des plus satisfaisants.

Obs. 58. — Dr Dupuy de Frenelle (Paris).

Cette année je fus appelé d'urgence à Rome auprès d'un jeune homme âgé de vingt ans présentant les phénomènes suivants :quelques jours après une chute suivie d'une promenade sous une pluie battante, ce jeune homme avait été pris d'une forte fièvre, cependant que le genou gauche, puis le cou-de-pied gauche enflaient. Conjointement, évoluait une endo-péricardite avec double souffle aortique et mitral. La température vespérale évoluait entre 38°,5 et 39°,5.

Lorsque j'arrivai auprès du malade, je le trouvai en pleine poussée d'endo-péricardite avec double souffle ; le genou gauche était gros, rouge et douloureux ; le cou-de-pied gauche était gros, rouge et douloureux ; la température 39°,5, l'état général très affaibli.

Je lui fis immédiatement une injection de Lantol et des applications d'antiphlogistine sur les articulations douloureuses. Le lendemain, une amélioration notable se produisit, le genou était moins gros, moins douloureux, le cou-de-pied était moins douloureux mais aussi gros. Le même traitement fut maintenu en y adjoignant de la digitale. Le surlendemain, le genou n'était plus ni rouge ni douloureux ; le cou-de-pied, toujours gros, était néanmoins beaucoup moins douloureux ; la température de 37°,9. Dès lors, je cessai les injections de Lantol et continuai les applications d'antiphlogistine jusqu'au dixième jour, où le malade étant en excellent état de convalescence, bien que présentant encore un double souffle, je le quittai. Les nouvelles reçues depuis sont relativement bonnes.

AFFECTIONS DIVERSES

Le Lantol a encore été employé dans nombre d'autres cas, parmi lesquels la grippe :

Le Dr Raulin, atteint de **grippe** et d'**infection intestinale** avec température élevée, 39°,5, conseille au Dr Rivière qui le soignait de lui faire une injection de Lantol ; le lendemain, la température baissait à 36° et est restée normale depuis.

Le Dr Thiroloix l'a employé dans la *fièvre paludéenne* : 5 cas à peu près identiques, trente, trente-cinq, quarante ans, vie aux colonies (1).

Obs. 59. — Quarante ans, vie passée au Congo, teint cireux, splénomégalie. Cinq heures avant les accès de fièvre, et tous les cinq jours, 3 centimètres cubes de rhodium colloïdal en injection sous-cutanée. La fièvre décroît vite et la température ne monte jamais plus guère au-dessus de 37°,5.

---

(1) *Soc. méd. des Hôpitaux*, 21 décembre 1911.

Dans l'*érysipèle*, le Dr Carlos Vives NAVARRO a obtenu des résultats très encourageants qui l'ont incité à employer le Lantol dans le traitement de cette affection.

Dans un cas d'*ictère grave*, le D^r DE MONTILLE, de Loivre (Marne), a employé les *capsules* de Lantol à raison de douze par jour immédiatement la température est tombée de 40°,2 à 38°,8, en même temps que le gonflement du foie diminuait considérablement ainsi que l'ictère.

Enfin, le Dr PÉCHÈRE a relaté un cas de **vaccine à réaction hyperthermique** chez un enfant de neuf mois, très nerveux (1).

Obs. 60. — Quelques jours après la vaccination, la température monte, le matin 38°,1, le soir 39°. Une crise convulsive dans la journée. Les quatre jours suivants il reste très agité, langue chargée, refuse de s'alimenter ; il présente de l'engorgement ganglionnaire. Quatre jours après, température 38°8 le matin, à six heures 40°,1 ; crise convulsive épileptiforme, enveloppements humides et quinine. La température tombe à 38°,6 le soir, mais à cinq heures du matin 40°,2 ; le lendemain, même état, plusieurs crises convulsives ; le jour suivant, matin 39°,5, le pouls devient mauvais, respiration courte. On pratique alors une injection intramusculaire d'un tiers de centimètre cube de rhodium colloïdal (1/15 de milligramme de métal) : une heure après, l'enfant s'endort, pour se réveiller à midi, 39°,3, le pouls est meilleur, il se rendort de une à quatre heures; température : 38°, à six heures 37°,5, à dix heures, 38°,9 ; le pouls est bien meilleur ; la nuit a été excellente ; matin 37°,9, soir 37°,1, plus de crises, alimentation normale. A partir de ce moment tout va bien.

PHARMACOLOGIE

Il y a très peu à dire sur la pharmacologie des colloïdes électriques des Laboratoires Couturieux, et sur les manipulations à leur faire subir pour leur donner la forme pharmaceutique, car ils sont applicables en clinique tels que la méthode physique les produit. Étant rendus *isotoniques dès la préparation* leur introduction dans les tissus est praticable sans le moindre inconvénient et sans aucune manipulation auprès du malade.

On se rappelle en effet que ces colloïdes sont à l'état parfaitement stable, qu'ils ne sont pas influencés par les électrolytes ni les colloïdes naturels par suite de la finesse extrême de leurs grains, qu'ils ne sont pas cependant comparables aux colloïdes naturels (à très gros grains) pour la plupart précipités par les électrolytes, et l'on comprendra qu'il n'est pas besoin de les additionner d'une substance étrangère pour en rendre l'emploi possible en thérapeutique.

Ils associent donc la pureté des métaux-ferments de A. Robin à la stabilité des colloïdes albumineux. Ils sont même plus stables que ces derniers, puisqu'ils supportent sans altération la stérilisation à l'autoclave.

---

(1) *La Policlinique de Bruxelles*, décembre 1912.

POSOLOGIE

Nous étudierons succinctement la posologie du Rhodium colloïdal (lantol) pour les trois états sous lesquels il est délivré : ampoules, capsules, solution.

1º Les *ampoules* contiennent 3 centimètres cubes d'une solution à 1 p. 5 000 de Rhodium colloïdal. L'innocuité parfaite de cette préparation permet de ne pas fixer de maximum à ne pas dépasser. Les doses en général suffisantes, ainsi qu'il résulte des observations ci-dessus, sont de 3 à 6 centimètres cubes par vingt-quatre heures ; dans les états graves (T. 40º), le mieux est d'injecter deux ampoules d'abord, soit 6 centimètres cubes, et de recommencer la même dose au bout de douze heures si la température n'a pas baissé de 1º,5 à 2 degrés dans l'intervalle.

Ces doses sont suffisantes pour juguler un état infectieux grave, mais, dans la plupart des cas, il suffira de 3 centimètres cubes par vingt-quatre heures, car le retour à la température normale s'obtient après trois ou quatre injections.

Les injections seront faites soit dans les veines, soit dans les tissus musculaire ou sous-cutané.

La finesse extrême des grains permet en effet la résorption immédiate et l'entraînement rapide du colloïde, injecté dans les muscles, par les leucocytes qui le versent dans le torrent circulatoire alors que les injections des colloïdes stabilisés artificiellement ne sont souvent pas résorbées. (Obs. 56. Dr Manine.)

2º Les *capsules* sont kératinisées et ne se dissolvent que dans l'intestin ; elles contiennent chacune un dixième de milligramme de Rhodium (une ampoule correspond à 6 capsules). On les utilisera pour prévenir un retour de l'état infectieux après les injections et on peut même les employer seules chez les enfants ou chez les malades qui refusent la piqûre. Leur activité est établie par les observations des Drs Despaigne, Mir, Fournié, de Montille.

3º La *solution* à 1 p. 1 000 s'emploie en applications locales, en injections dans une articulation ou une cavité après drainage du pus, et aussi dans la pyorrhée alvéolaire où elle produit la disparition de la suppuration en très peu de temps.

COLLOÏDES A ACTION SPÉCIFIQUE

Nous avons vu plus haut que tout colloïde métallique provoque une hyperleucocytose capable à elle seule de juguler une infection ; mais à côté de l'état physique du colloïde, état qui provoque cette réaction de défense, il y a lieu d'envisager l'état chimique, c'est-à-dire la nature du métal qui, lui, agit sur la cause de l'infection. C'est dans cette voie de la recherche de la spécificité que sont orientées les recherches actuelles, et nous envisagerons ultérieurement l'action de quelques métaux et métalloïdes en mettant au premier plan leur spécificité, l'état colloïdal n'intervenant qu'à titre secondaire, surtout en ce qu'il permet d'administrer certains de ceux-ci sans accidents alors qu'ils sont toxiques sous d'autres formes.

Le seul dont nous nous occuperons dans ce travail est le sélénium.

SÉLÉNIUM & SÉLÉNIUM A COLLOIDAL

C'est au Professeur Von Wassermann qu'est due l'introduction des composés de Sélénium dans le traitement du cancer. On se souvient qu'ayant constaté la toxicité du Séléniate de soude pour les cellules cancéreuses, il eut l'idée d'y combiner de l'éosine, destinée, grâce à son état colloïdal et à son affinité, à fixer le Séléniate de soude sur l'élément cancéreux.

Les expériences faites sur les souris donnèrent des résultats encourageants.

Le Dr Thiroloix, connaissant la toxicité des sels de Sélénium, pensa qu'il était peut-être possible d'obtenir un résultat analogue en s'adressant au Sélénium colloïdal, avec l'espoir que sous cette forme la toxicité serait très atténuée.

Sélénium colloïdal. — Le Sélénium avait déjà été préparé antérieurement à l'état colloïdal par divers procédés (1). Les trois principaux sont les suivants :

1º Précipitation lente d'une solution de Sélénium dans le sulfure de carbone par addition d'éther ;

2º Réduction d'un Sélénite ou d'acide sélénieux par le glucose ;

(1) *Voir page* 50, *Note de M. A. Lancien.*

3⁰ Électrolyse d'un enduit de Sélénium déposé sur un métal conducteur.

Ces trois procédés donnent lieu à la formation d'un colloïde de Sélénium rouge dichroïque à grains inégaux, instable, et ne pouvant être employé qu'après l'addition d'un stabilisant organique, qui rend la solution très mousseuse par agitation.

L'expérimentation de ces préparations sur les souris cancéreuses ne donna que des échecs, par suite de la précipitation immédiate du colloïde injecté et de sa transformation rapide en sélénium métalloïde qui est toxique. Il était donc absolument nécessaire de préparer un colloïde parfaitement stable à grains très fins, qui pût rester inoffensif et assez diffusible pour atteindre la tumeur.

Sélénium A colloïdal. — Ceci revient à dire qu'il fallait obtenir un Sélénium colloïdal *électrique* comparable aux autres colloïdes du procédé Lancien.

Le Sélénium n'étant pas conducteur de l'électricité, on a dû modifier son état physique d'abord, avant de songer à préparer le colloïde. C'est par transport électrique dans le vide cathodique que M. Lancien est parvenu à obtenir cette modification physique du Sélénium qu'il a appelé le « Sélénium A » pour le différencier du Sélénium ordinaire dont il a toutes les propriétés physiques et chimiques, excepté la conductibilité électrique qui est beaucoup plus grande.

C'est donc à MM. Thiroloix et Lancien que l'on doit l'introduction du Sélénium en thérapeutique (Société médicale des hôpitaux, 16 février 1912).

Ce colloïde se présente en solution limpide ou presque, fortement colorée en brun, contenant 2^{gr},20 de Sélénium par litre, à grains de 6 $\mu\mu$, isotonique, parfaitement stable, non décomposable par la chaleur, la lumière, les électrolytes, les colloïdes organiques, etc.

ACTION DU SÉLÉNIOL SUR L'ORGANISME

Comment va se comporter l'organisme dans lequel on introduira du Séléniol par voie intraveineuse ? Il y aura d'une part une hyperleucocytose provoquée par l'état colloïdal, et d'autre part une localisation du métal sous la dépendance de sa nature chimique.

La réaction des organes hématopoïétiques a été bien étudiée par les Drs Achard et L. Ramond dans les *Archives de médecine expérimentale* de novembre 1912.

« Les hématies augmentent immédiatement de nombre ; cette hyperglobulie rouge est surtout manifeste chez notre deuxième lapin, mais elle ne dure pas, et la richesse du sang en globules rouges redevient rapidement ce qu'elle était avant l'expérience, puis tombe au-dessous du taux initial des hématies, le quatrième jour chez le premier animal, le neuvième chez le troisième.

L'augmentation de nombre des éléments figurés porte aussi sur les globules blancs, comme l'a constaté, dans des expériences récentes, M. Duhamel, mais la poussée leucocytaire se fait plus lentement que la poussée hématique. Amorcée déjà une heure après l'injection, elle atteint son acmé le second jour chez les deux premiers lapins, le neuvième jour seulement chez le troisième, augmentant d'une façon lente et progressive.

Si elle est longue à se produire, elle est par contre très persistante, puisqu'elle dure encore le dixième jour, dépassant de 1 500 éléments le chiffre initial des globules blancs.

Enfin, son importance est assez considérable, car dans les trois cas le chiffre maximum atteint est environ 12 000 leucocytes par millimètre cube, doublant pour les deux derniers animaux le nombre des globules blancs avant l'injection.

La formule leucocytaire n'est pas sensiblement modifiée par l'introduction du colloïde dans le sang.

A l'autopsie, tous les organes de nos trois animaux nous ont paru absolument normaux. Les reins, les capsules surrénales, le foie, le poumon, le cœur avaient leur aspect habituel ; le corps thyroïde des trois lapins était sain, la moelle osseuse était rouge, congestionnée, mais sans exagération ; la rate était normale chez les deux premiers animaux, mais nettement hypertrophiée chez le troisième. Nulle part nous n'avons trouvé de ganglions appréciables. »

Les auteurs ont étudié successivement la moelle osseuse, la rate et le thymus : partout ils ont constaté une prolifération intense et généralisée des cellules. Ce travail, qui va en augmentant d'intensité pendant les quatre premiers jours, s'atténue ensuite et les organes reviennent à leur état normal au bout d'une dizaine de jours.

Et les auteurs concluent :

« En résumé l'injection intra-veineuse de Séléniol ne se montre nullement toxique pour le lapin, mais elle provoque chez lui de grosses réactions du sang et des organes hématopoïétiques. Elle entraîne une augmentation très passagère du nombre des hématies dont le taux s'abaisse dans la suite légèrement au-dessous de ce qu'il était avant l'introduction du colloïde dans le sang, elle provoque surtout une hyperleucocytose importante et persistante à laquelle prennent part indistinctement tous les éléments blancs du sang.

La leucocytose provoquée par le collargol est précédée d'une période courte de leucopénie ; elle s'accompagne d'une modification très nette de la formule sanguine : polynucléose neutrophile initiale suivie d'une leucocytose mononucléée avec poussée macrophagique et éosinophilie ; celle que détermine le Séléniol dans nos expériences est immédiate (toutefois M. Duhamel a noté une leucopénie initiale) et se produit d'emblée sans leucolyse initiale ; elle est progressive, importante, et plus durable que celle de l'argent colloïdal ; elle ne s'accompagne d'aucune modification de la formule leucocytaire...

Qu'il s'agisse de Sélénium ou d'argent, les modifications des organes hématopoïétiques sont purement fonctionnelles et permettent leur retour complet à l'état normal. On peut donc conclure de cette étude : l'action sur l'organisme de colloïdes métalliques différents semble dépendre davantage de leur état physique (l'état colloïdal) que de la nature du métal dont ils sont formés.

Le métal joue peut-être un rôle dans l'affinité élective d'une solution colloïdale pour telle et telle bactérie, mais dans l'efficacité des colloïdes une part importante semble devoir revenir au pouvoir d'exaltation fonctionnelle qu'ils possèdent tous, quelle que soit leur origine, sur les organes hématopoïétiques, auxiliaires si puissants de la défense organique. »

Voilà pour le Sélénium A colloïdal ou Séléniol.

Quant au Sélénium colloïdal ordinaire, que produira-t-il dans les mêmes conditions? A peu près les mêmes réactions. Cependant M. Duhamel a constaté après l'injection de ce colloïde une leucopénie initiale. Mais il semble que cette leucopénie ne provient pas d'une destruction de leucocytes, d'une leucolyse, mais qu'elle résulterait seulement de l'afflux des globules blancs dans le foie.

Pourquoi se produit cet afflux? Parce que c'est dans le foie que le Sélénium ordinaire ira tout de suite se localiser, et que cette localisation y attirera les leucocytes. Or, on sait que le foie est la grosse glande antitoxique ; alors n'est-on pas fondé à penser que cette localisation immédiate du Sélénium ordinaire décèle de la part de cette préparation une action toxique, minime il est vrai, mais qui n'existe pas pour le Sélénium A, dont l'injection ne provoque pas de phase de leucopénie. De plus, si le foie arrête, dès son introduction dans l'organisme, le Sélénium colloïdal, on ne voit pas bien comment celui-ci pourra lutter contre le cancer, puisque la fixation du médicament sur l'élément cancéreux semble être la condition nécessaire à son activité, la seule chance qu'on ait d'agir sur la tumeur étant d'arrêter ou de gêner tout au moins la karyokinèse des cellules géantes.

Et ceci nous conduit à l'étude de la localisation du Sélénium.

La première condition à réaliser, celle qu'avait obtenue Wassermann, est de provoquer la fixation du Sélénium sur la cellule cancéreuse. Or, la recherche du Sélénium ordinaire dans les fongosités a été faite, et le professeur Delbet indique (1) que cette recherche a été négative. Par contre, la recherche du Sélénium A colloïdal dans le liquide retiré par ponction après liquéfaction d'adénopathies cancéreuses a été positive, et, après centrifugation du liquide retiré, le dosage a montré que les cellules en contenaient une proportion beaucoup plus élevée que le liquide surnageant (2). Le Sélénium A colloïdal se fixe donc bien sur la

---

(1) *Bulletin de l'Association française pour l'étude du cancer*, t. V, n° 6.
(2) *Soc. méd. des Hôpitaux*, 16 février 1912.

cellule cancéreuse, et l'on trouvera plus loin les détails de la recherche indiquée ci-dessus dans l'observation initiale du Dr Thiroloix (1).

TOXICITÉ

Tous les médecins savent que le cancer n'est pas transmissible d'une espèce à une autre, même très voisine ; que le cancer spontané des souris est très différent du cancer obtenu par greffe chez les mêmes animaux ; que les essais de traitement faits sur les souris artificiellement cancéreuses ne sont, pour la thérapeutique humaine, qu'indicatifs et non probants, et qu'en essayant d'appliquer à l'homme les procédés qui réussissent sur les souris, on s'expose à des insuccès et même à des accidents. Ce fut ce qui se passa pour Von Wassermann lorsqu'il essaya de transporter chez l'homme son produit Sélénium-Eosine dont les applications furent décevantes.

Le Professeur P. Delbet, ayant essayé de son côté une préparation analogue, s'empressa de l'abandonner après deux essais. Depuis, on a signalé des cas de collapsus à la suite de l'emploi du Sélénium colloïdal à grains hétérogènes, ne contenant que 0^{gr},15 à 0^{gr},20 de métal par litre ; et cependant, d'expériences faites sur les animaux, il semblait résulter que le Sélénium colloïdal n'était pas toxique, ou plutôt ne l'était que peu. Ce qui est vrai pour le lapin ne l'est pas pour l'homme, ce qui peut guérir la souris peut être fatal à l'homme.

Rien de semblable ne s'est jamais produit par l'emploi du Sélénium A colloïdal, malgré sa teneur élevée en métalloïde (2^{gr},20 par litre), et cependant le Professeur Delbet a injecté jusqu'à 60 centimètres cubes à la fois dans les veines d'un malade, sans noter le moindre phénomène d'intolérance ni d'intoxication. Il ne faut pas considérer comme un signe d'intoxication la vive réaction signalée par le Dr Thiroloix dans son observation initiale, car elle était due à une inégalité dans la grosseur des grains, défaut auquel il a été remédié par la suite. C'est donc avec la plus entière sécurité que le praticien peut employer le Séléniol, qui est parfaitement supporté en injections intraveineuses, aussi actif, aussi bien toléré, parfaitement résorbé et indolore en injections intra-musculaires, à condition que celles-ci soient assez profondes ; enfin, il joint à ces qualités l'avantage de se prêter aux traitements par la voie gastrique, grâce à l'emploi du colloïde desséché et mis en capsules.

---

(1) Cette recherche est facile au spectroscope. Le spectre du sélénium est caractérisé par un grand nombre de raies bien étudiées, dont quelques-unes se rencontrent dans le vert et la plus grande partie dans le violet et l'ultra-violet. Un outillage de quartz est donc nécessaire, le verre absorbant l'ultra-violet. Le dosage se fait par la mesure du déplacement des raies du spectre sous l'influence d'un champ magnétique.

APPLICATIONS THÉRAPEUTIQUES DU SÉLÉNIOL

1. — *CANCERS DU SEIN*

Le Séléniol a été employé par un certain nombre de praticiens dans les cas de cancer du sein. Les résultats ont été en général très satisfaisants et l'action du Séléniol sur l'affection a été des plus nettes.

Voici d'abord la relation d'une guérison qui se maintient depuis près d'un an.

Obs. — D\ MARTY (de Toulouse). — *Induration néoplasique du sein droit avec hérédité. — Traitement par le Séléniol. — Guérison.*

Mme Heb..., cinquante-deux ans, durée du traitement : trois mois (mai à août 1912).

Cette malade se présente à ma consultation et offre à mon examen une induration située à la partie latéro-externe du sein droit.

Le volume de cette induration est semblable à une petite pomme d'api. Sa palpation est douloureuse ; sa consistance est très dure avec une prolongation ganglionnaire manifeste vers le creux axillaire.

La malade nous raconte qu'il y a un peu moins d'un an, elle a reçu un choc pendant son travail, sur ce sein ? Tout d'abord après la première douleur locale passée, elle ne prêta pas beaucoup d'attention à cet accident, absorbée qu'elle fut par les soins à donner à son mari malade.

Depuis quelques jours, une douleur profonde, et presque continue, ayant attiré son attention sur ce point, elle a constaté une induration dont le volume s'est accru très sensiblement dans le mois précédent.

Les caractères de dureté quasi-ligneuse de la partie indurée, son adhérence aux tissus voisins, ses prolongements et son retentissement ganglionnaire me firent porter le diagnostic de néoplasme cancéreux du sein.

Il est à noter que le mari de cette malade venait de mourir des suites d'un carcinome de l'S iliaque et du rectum.

Son frère que j'ai soigné comme le mari était mort d'un carcinome de la vessie quelque temps après ce dernier.

J'avais employé chez ce frère des injections de cuprase dont le résultat avait été négatif, et je puis dire même néfaste.

Ces injections sont très douloureuses, de quelque façon qu'on les fasse, et en outre elles provoquèrent chez ce malade une réaction très vive à laquelle j'attribue l'aggravation qui survint dans son état.

Cette fois chez cette pauvre femme apeurée, je me suis servi du Séléniol de Couturieux, mais en injections intraveineuses à technique modifiée. La pemière injection fut faite chez la malade le 6 mai 1912 à la manière habituelle. Aucune douleur locale ni générale ne vint tourmenter la malade qui le 9 mai vint dans mon cabinet recevoir une deuxième injection.

Le 12, à ma consultation du matin, la troisième injection fut pratiquée, et déjà je sentis diminuer les ganglions sensibles du creux axillaire. Cette région était indolore à la pression.

Le 19, nouvelle injection, et la malade me déclare que dans cette semaine les douleurs du sein ont été moins fortes. A la palpation, la tumeur me paraît un peu ramollie, moins adhérente, moins ligneuse, tout en ne paraissant pas diminuée de volume très sensiblement.

Le dimanche 26, la cinquième injection est reçue avec plaisir par la malade confiante en la médication. La tumeur plus molle a manifestement diminué, et elle semble en ce moment isolée dans le sein au milieu du tissu adipeux dont elle paraît détachée.

Le 2 juin, sixième injection.

Le 9 juin, septième injection.

Le 16 juin, huitième injection.

Le 23 juin, neuvième injection.

Le 30 juin, dixième injection, la tumeur qui ressemble maintenant à un tout petit œuf diminue considérablement ; la malade ne s'en plaint plus. Du côté de l'aisselle et entre le creux axillaire, et la partie indurée, je ne perçois plus aucun chaînon.

En juillet, quatre injections furent faites, une tous les dimanches matin, et à la fin de ce mois l'induration ne se différenciait pas des autres parties ganglionnaires, et il était difficile de trouver encore une masse compacte à la place où existait auparavant une grosseur.

En août, cependant, deux nouvelles injections, une par quinzaine, le 4 et le 18, furent demandées par la mlaade.

J'ai revu cette femme en octobre et en janvier 1913, et enfin aujourd'hui même avant de donner cette observation, juin 1913. Le sein malade est comme l'autre, sans induration, sans douleur ; la guérison a été complète et durable.

Le traitement doit être appliqué avec persévérance jusqu'à l'obtention du résultat.

A ce sujet, le cas traité par MM. Gallouen et Noël est tout à fait démonstratif puisque, le traitement ayant subi deux interruptions prématurées, l'affection a récidivé chaque fois rapidement et chaque fois a été enrayée par une nouvelle séric de piqûres (1).

Salle Soyer. Femme P..., cinquante-huit ans. — Cette femme entre dans le service du Dr Jeanne, le 6 juin 1912, pour une tumeur du sein. Il y a un an, elle s'est aperçue d'abord que le mamelon de son sein droit se rétractait de plus en plus, puis que le sein augmentait de volume ; au début de cette évolution, elle ne ressentait aucune douleur et elle put continuer son travail sans gêne aucune.

Depuis deux ou trois mois, elle ressent de vives douleurs dans toute sa tumeur, avec irradiations jusque sous l'aisselle ; elle ne peut mettre

______

(1) *La Clinique*, 11 octobre 1912.

la main sur sa tête, tant les mouvements du bras sont douloureux et limités.

Assez fréquemment elle a des crises de dyspnée très violente avec douleur débutant dans l'épaule droite et irradiant dans tout le côté, crises d'une durée d'environ dix minutes.

Le 6 juin, elle entre à l'Hospice général et nous trouvons à l'examen : une grosse tumeur du volume d'une tête d'enfant nouveau-né, avec des nodosités saillantes et dures, grosses comme des noisettes. Autour de la tumeur, des traînées de lymphangite font nettement saillie ; quelques-unes ont le volume d'une plume d'oie ; le sein est envahi dans sa totalité ; le mamelon est rétracté complètement dans la masse de la tumeur que recouvre une peau luisante et rouge. A la partie supéro-externe du sein, il existe une nodosité du volume d'une grosse noix ; au niveau du mamelon, on note la présence d'une seconde nodosité du même volume ; l'une et l'autre sont légèrement fluctuantes. La peau qui, comme nous l'avons dit, est rouge et luisante, contracte des adhérences avec les tissus sous-jacents ; elle est capitonnée et reproduit le phénomène de la peau d'orange.

Sur le bord inférieur du grand pectoral, on note la présence de petits ganglions durs, extrêmement douloureux à la palpation. L'espace sus-claviculaire est rempli de gros ganglions indurés qui, au dire de la malade, « augmentent parfois de volume et l'étouffent ».

En résumé, on se trouve en présence d'un néoplasme à allure extrê-mement rapide qui se comporte comme une véritable inflammation, et mérite bien le nom de mastite cancéreuse.

L'adénopathie signalée contre-indique une intervention tout au moins radicale.

Le 7 juin, on pratique dans la région fessière une première injection *intramusculaire* de 3 centimètres cubes de *Sélénium colloïdal* (1). La piqûre est peu douloureuse, cependant la malade se couche sitôt après. Dans la soirée, elle éprouve dans tout le sein des sensations particulières qu'elle compare à de légères piqûres d'aiguilles, elle n'a pas d'élévation de température, tout au moins appréciable ; elle passe une excellente nuit sans crise de dyspnée.

Le 8 juin (le lendemain matin), elle peut croiser ses mains derrière le dos et se servir de sa main droite pour manger, ce qui lui était impossible depuis quatre jours.

Le 10 juin, la rougeur diffuse périphérique a diminué, les traînées lymphangitiques sont moins apparentes, les deux grosses nodosités paraissent ramollies ; on pratique une ponction qui ne donne rien ; l'adénopathie sus-claviculaire s'est légèrement affaissée et la malade a un peu meilleure mine, son teint n'est plus jaune mais rose, elle dort et mange bien.

Les 11, 14, 18, 21 et 26 juin, nouvelles piqûres de Séléniol de 3 centi-mètres cubes chaque fois. L'état général continue à s'améliorer, les traînées lymphangitiques sont maintenant très peu apparentes et ne font presque plus relief, les nodosités périphériques s'affaissent, l'œdème diminue dans toute la région envahie. On continue les piqûres tous les quatre jours jusqu'à la onzième injection.

---

(1) Nous nous sommes servis du sélénium A colloïdal (procédé André Lancien), préparé par les Laboratoires Couturieux, sous le nom de *Séléniol*.

Le 26 *juillet*, après la onzième piqûre, la malade est prise de fièvre avec frisson (40°,4), de douleurs dans le sein droit, et on constate deux jours après une poussée d'érysipèle s'étendant à tout le sein jusque dans l'aisselle. On suspend le Séléniol, et l'érysipèle traité par les pansements humides évolue vers la guérison en huit jours ; mais il subsiste un gonflement du bras, de la douleur dans le sein, de la rougeur ; la lymphangite a reparu, la fièvre persiste et les mouvements du bras sont aussi difficiles qu'ils l'étaient au commencement du traitement.

A ce moment, nous recommençons une nouvelle série de piqûres, sous l'influence desquelles les phases d'amélioration déjà décrites se reproduisent, la lymphangite diminue et les mouvements du bras sont beaucoup plus faciles.

La malade va passer quelques jours dans sa famille, ce qui détermine un nouvel arrêt dans la série des piqûres.

Le 15 *septembre*, elle nous revient en hâte, effrayée par la marche rapide de son mal, qui progresse d'une façon inquiétante depuis la suspension du traitement. Nous pratiquons une nouvelle série de 5 piqûres de deux jours en deux jours, et le 25 septembre la tumeur a nettement diminué de volume, les traînées rouges ont à peu près disparu, les petites nodosités sont à peine perceptibles, l'adénopathie des régions axillaire et sus-claviculaire est beaucoup moins volumineuse ; cependant, les crises de dyspnée n'ont pas absolument disparu ; le bras est le siège d'un œdème peu considérable, mais il est sillonné de dilatations veineuses, l'état général est excellent, la malade dort et mange bien, elle a repris l'usage de son bras pour manger et se coiffer.

Des observations analogues nous ont été communiquées par le Dr Roguet (d'Angers), qui signale que « des bourgeons cancéreux de la face postérieure de l'épaule ont diminué» dans un cas de récidive de cancer du sein avec généralisation.

Le Dr J. de Magalhaes, professeur à la Faculté de médecine de Coimbre et assistant du Service du cancer, signale des résultats très appréciables obtenus dans les cas de récidive de cancer du sein et dans les adénopathies cancéreuses, à la dose de 2 à 3 centimètres cubes deux fois par semaine : les injections sont très bien supportées ; cependant quelquefois, « surtout à la suite des premières injections, les malades ont quelques symptômes immédiats d'action générale peu remarquables».

Il note entre autres « un beau cas de *récidive de cancer du sein* inopérable à son arrivée à l'hôpital et dans lequel le Séléniol a donné une réduction considérable de la masse néoplasique et mobilisation sur la grille costale».

Dans tous les cas où le traitement a été suivi régulièrement, on a pu noter une amélioration remarquable, mais, chez certains malades négligents, les résultats ont été peu appréciables ; tel par exemple le cas signalé par le Dr Guignot : « Cancer du sein à la période ultime. La malade accepte irrégulièrement ses piqûres, qui d'ailleurs ont été faites alternativement avec le Séléniol et avec une autre préparation de Sélénium. Aucun changement, sauf diminution des douleurs. »

2. — *CANCERS CUTANÉS*

Le Séléniol a été peu employé dans les cancers cutanés, qui sont habituellement traités par la radiothérapie ; cependant, le Dr Henri Hamel (du Mans) a eu l'occasion de traiter un *lymphadénome cutané et ganglionnaire* dans lequel il a obtenu des résultats satisfaisants. Le Séléniol doit donc être préconisé dans ces cas lorsqu'il y a impossibilité à employer la radiothérapie, où ce mode de traitement donne les résultats les plus brillants.

Le Séléniol, lui aussi, rendra de grands services dans ces affections, soit comme traitement principal soit comme adjuvant.

3. — *CANCERS DE LA LANGUE*

Le Dr G. Richard (de Nancy) a employé le Séléniol dans divers cas, et il cite particulièrement « un épithélioma inopérable du maxillaire où ce traitement a donné des résultats surprenants non seulement au point de vue local (fonte de la tumeur), mais surtout au point de vue général ; tous les autres traitements, sérum Doyen, cuprase, avaient été tentés sans résultats».

Nous rapprocherons de ce cas l'observation du Dr Thiroloix que nous citons *in extenso,* d'abord parce que *ce fut le point de départ du traitement du cancer par le Sélénium colloïdal,* et ensuite parce qu'on y trouvera de nombreux renseignements sur la préparation du Séléniol et sur sa recherche dans les tissus de l'organisme (1).

J'ai l'honneur de vous communiquer, au nom de M. A. Lancien et au mien, une observation où il a été possible de constater, sous l'influence d'injections intraveineuses de Sélénium A colloïdal, des modifications intéressantes dans les adénopathies secondaires à un épithélioma tégumentaire.

Le 13 décembre 1911, entrait salle Jaccoud, lit n° 22, le nommé V..., âgé de trente-neuf ans, ébéniste. Il vient d'un service de chirurgie, où on a constaté l'existence d'un épithélioma volumineux ulcéré de la base de la langue, avec grosses adénopathies rétro-angulo-maxillaires bilatérales.

V... est un alcoolique invétéré (même dans le service il parvient à se griser), un fumeur constant. Il n'a pas eu la syphilis (Wassermann négatif).

Les troubles fonctionnels qu'il accuse consistent en dysphagie, dysarthrie (la langue est soudée au plancher buccal), sialorrhée, otalgie bilatérale. Depuis cinq mois, c'est-à-dire depuis l'apparition du cancer appréciée par les troubles fonctionnels, l'amaigrissement a été de 18 kilos : 65 kilos 6 juillet, 50 kilos 13 décembre, 47 kilos 16 février.

---

(1) *Soc. méd. des Hôpitaux,* 16 février 1912.

M. Bourgeois, otologiste de la Pitié, a bien voulu examiner le malade et a constaté l'immobilité de la langue, sa déviation à gauche, l'existence à la limite du dos de la langue d'un bourrelet saillant, à la face supérieure de cet organe, plus accusé à gauche. La masse, dure comme du bois, irrégulière, est creusée à son centre d'une exulcération superficielle qui a l'étendue d'une pièce de 0 fr. 20 en argent et qui se continue en arrière et en dehors dans le sillon glosso-amygdalien gauche. Les masses ganglionnaires ont le volume de gros marrons, sont régulières et ligneuses. La masse néoplasique linguale est le siège de douleurs intolérables que ravive le passage des aliments ou l'examen digital.

En présence d'une telle situation, nous prîmes la résolution d'essayer une thérapeutique dérivée des travaux de Wassermann sur la guérison du cancer des souris par les injections intraveineuses de séléniate de soude avec éosine ou fluorescéine. M. Lancien voulut bien, à notre demande, se charger de préparer une solution colloïdale de sélénium. Le travail de Wassermann avait paru en France le 16 décembre ; trois jours après, nous faisions la première injection de sélénium colloïdal qui auparavant ne nous avait pas paru toxique pour les animaux (souris, cobayes, lapins).

Voici la note de M. A, Lancien :

« Nous avons essayé de faire du sélénium colloïdal d'après les méthodes de Schulze (*J. prackt. Chem.* (2), XXXII, p. 390, 1885), — Muthmann (*D. chem. G.*, XX, p. 940, 1887), — Gutbier (*Zeit. anorg. Chem.*, XXXII, p. 106, 1902), — Biltz (*D. chem. G.*, XXXVII, p. 1905, 1904), — Eschner de Coninck et Chauvenet (*C. R.*, CXLI, p. 1234, 1905), — J. Meyer (*Zeit anorg. Chem.*, LIV, p. 43, 1903), — C. Paal et C. Koch (*D. Chem., G.*, XXXVIII, p. 526, 1905), — Muller et Nowakowsky (*D. chem., G.*, XXXVIII, p. 5779, 1905). Toutes ces méthodes nous ont donné des particules très grosses (80 μμ à 30 μμ), fort instables et de grosseur souvent différente dans le même liquide (80 μμ, 70 μμ, 31 μμ) pour la dernière méthode.

« Nous avons alors cherché à appliquer la méthode décrite pour le rhodium (*C. R. Académie des sciences*, 27 novembre 1911, et *Soc. méd. des hôp.*, 21 décembre 1911), de façon à obtenir des grains stables, de grosseur constante, très fins et d'une activité très grande. Mais le Sélénium très pur se prête fort mal à cette technique. Nous avons été alors dans l'obligation de pulvériser (pulvérisation cathodique) ce Sélénium, et nous avons obtenu un produit, auquel nous donnons provisoirement le nom de *Sélénium A*, et qui a toutes les propriétés physico-chimiques du sélénium ordinaire, mais qui se prête fort bien à notre technique d'obtention des colloïdes.

« La solution obtenue est très stable, non modifiable par la lumière, la chaleur, les électrolytes, isotonique, et d'un grain très fin, 6 μμ.

« Nous nous proposons de donner dans une étude prochaine toute la physico-chimie et la biologie de ce Sélénium A colloïdal électrique. »

Le 17 décembre, on pratique sur V... la première injection intraveineuse de Sélénium A colloïdal de 4 centimètres cubes. Cette injection est suivie d'un grand frisson qui dure sept heures et est accompagné d'une élévation de température à 39°. A partir de cette date jusqu'au 16 février 1912, tous les huit jours, on pratique la même injection intraveineuse de 5 à 8 centimètres cubes de Sélénium A colloïdal. Chaque fois l'injection est suivie du même grand frisson très pénible avec température à 39-40°, et cette température persiste de un à trois jours ; mais, après cette hyperthermie, tout rentre dans l'ordre. Dans l'intervalle des injections, la température est normale, aucune fonction n'est troublée.

Après les premières injections, il nous a paru que les adénopathies se rétractaient, que l'immobilité de la langue et que les douleurs étaient moindres. Nous n'avons jamais attaché d'importance à ces modifications que beaucoup de procédés thérapeutiques ont produites.

Mais, le 25 janvier 1912, survient un fait nouveau. L'adénopathie rétro-angulo-maxillaire droite augmente subitement de volume et devient en quelques jours fluctuante, quoique indolore. Nous pratiquons, les 2, 15 et 16 février, des ponctions dans la masse, et nous obtenons près de 20 centimètres cubes en tout d'un liquide visqueux, rosé, inodore, grumeleux, aseptique (cultures aéro et anaérobies négatives). Centrifugé, le liquide extrait se sépare en deux parties, une séreuse, plus considérable, supàrficielle, et une profonde, formée de grumeaux grisâtres. A l'examen histologique, la bouillie se montre formée de masses amorphes, incolorables, de cellules pavimenteuses, de cellules d'aspect endothélial, à protoplasma vacuolé et à gros noyau dont la coloration est diffuse. Beaucoup de ces noyaux ont des vacuoles. Autour de ces amas épithéliaux gravitent des mononucléés et de rares polynucléés.

Après la ponction du 16 février, le ganglion avait presque complètement disparu et n'était plus représenté sous la peau que par une petite masse grosse à peine comme un petit noyau de cerise. Il n'y a jamais eu de température générale ou de réaction locale ; on a eu sous les yeux une véritable fonte ganglionnaire à froid.

Cette observation démontre : 1° que le *Sélénium A* peut être obtenu facilement à l'état colloïdal ; 2° que ce colloïde n'est pas toxique ; 3° qu'il peut être injecté dans les veines ; 4° qu'il n'a d'action que sur les masses épithéliomateuses *très vasculaires* ; 5° que cette action est cytolytique, fondante, suivie ou non de résorption. Si le fait a selon nous une importance théorique (effet cytolytique du Sélénium colloïdal véhiculé par le sang sur les cellules néoplasiques), il n'est pas possible d'en déduire une application pratique.

Examen physico-chimique du liquide sérotique. — Le liquide est formé d'une bouillie de cellules.

A l'ultramicroscope on distingue très bien deux sortes de mouvements, surtout si l'on observe successivement à l'ultra de verre, et finalement à l'ultra de quartz.

Dans le liquide se trouvent des particules nombreuses de Sélénium colloïdal électrique (1er mouvement), que l'on peut facilement distinguer des grains browniens ordinaires du liquide biologique, par leur couleur et leur petitesse.

On retrouve ces grains dans les cellules, qui semblent être bourrées de colloïde (2e mouvement).

On peut identifier par les réactions de Streng (*Neues Fahrb. f. Min.*, 1886), puis par le magnésium et l'iodure de potassium, les particules de Sélénium.

D'autre part, en centrifugeant, on sépare la bouillie de cellules du liquide excipient, et au spectrographe on remarque que, dans les cellules, les raies Se α — groupe Se 6 — groupe λοε dans le vert, sont bien plus intenses pour les cellules que pour le liquide. (Nous avons essayé de centrifuger pendant le même temps une quantité égale de liqueur colloïdale de Sélénium ayant servi dans les injections, et nous n'avons obtenu aucun dépôt de granules de ce métalloïde). Par conséquent, l'on peut dire qu'il y a probablement pourcentage plus grand pour les cellules que pour l'excipient.

Par conséquent nous pouvons conclure :

1° Que le Sélénium colloïdal électrique injecté se retrouve dans le liquide sérotique ;

2° Qu'il semble se fixer dans les cellules.

D'autre part, nous avons remarqué que notre liquide nous donnait la réaction de A. Auché (urobiline).

Le Dr Péridier (de Montpellier) a eu « un de ses malades atteint de cancer, inopérable d'ailleurs, de l'amygdale. Jusque-là, ce malade n'avait obtenu que des résultats médiocres des traitements employés ; après deux injections de Séléniol, il ressent un grand soulagement au point de vue des souffrances, intolérables jusqu'alors ; la tumeur elle-même paraît en voie d'amélioration, le malade reprend courage».

4. — *CANCERS DE L'ŒSOPHAGE*

Observation du Dr GUIGNOT (d'Avignon).

Néoplasme sténosant de l'extrémité supérieure de l'œsophage. Après une série de huit piqûres intramusculaires, la malade se sent tellement mieux qu'elle déclare tout nouveau traitement inutile : l'appétit est revenu, la teinte jaune a beaucoup diminué, la dysphagie presque disparu, les crises de tachycardie par action mécanique sur le pneumogastrique sont moins fortes.

5. — *CANCERS DE L'ESTOMAC*

Nous rappellerons l'observation de MM. Laurent et Bohec dont nous donnons ci-dessous des extraits (1) :

C'est un nommé Alexandre B.. quarante et un ans, forgeron au Havre, de très bonne constitution. On trouve dans ses antécédents héréditaires ce fait important : sa mère est morte à cinquante-sept ans d'un cancer de l'estomac, un an après avoir subi la gastro-entéro-anastomose. Lui-même n'a comme antécédents personnels morbides qu'une variole légère à l'âge d'un an. N'avouant ni alcoolisme ni syphilis, il jouit d'une parfaite santé jusqu'en octobre 1911. Le début de l'affection remonte donc à un an environ.

Ce sont d'abord, sans cause appréciable, des douleurs d'estomac vives, aiguës, lancinantes, siégeant au creux épigastrique avec point spinal, en broche, et s'irradiant vers les hypocondres, en ceinture, survenant une demi-heure à trois quarts d'heure après les repas, s'accom-

---

(1) *Province médicale*, septembre 1912.

pagnant de vomissements alimentaires. Quelques troubles dyspeptiques:
anorexie, dégoût des matières grasses et de la viande.

Le 30 mars 1912, B... entre à l'hôpital général, salle Brouardel.
Sous l'influence du repos, du régime et du traitement (pansement bismuthé de l'estomac, alcalins, potion de Rivière, stovaïne, chanvre indien, eau chloroformée, etc.), l'intolérance diminue. Le malade n'a jamais eu d'hématémèses, ni de melæna ; ses selles, assez régulières, sont noires par le bismuth absorbé ; les troubles dyspeptiques sont peu importants ; pas de rétention gastrique ni de sténose du pylore. L'examen ne permet de constater aucune tumeur, mais une sensibilité notable de la région épigastrique et de l'hypertrophie du foie ; rien au point de vue tabes et nerveux ; pas d'adénopathies.

Comme les crises gastriques tendent plutôt à augmenter d'intensité, que leur caractère intermittent, paroxystique et leur fréquence nocturne font penser à la spécificité, B... reçoit une série de quinze injections intrafessières de biiodure de mercure. Il quitte l'hôpital le 4 mai 1912, avec une très légère amélioration due plutôt au repos qu'à la médication. Il reprend son travail que les douleurs l'obligent d'interrompre un ou deux jours par semaine ; puis bientôt, ne pouvant plus travailler du tout, il rentre à l'hôpital, dans la même salle Brouardel, le 24 juin 1912.

On constate alors une aggravation de son état : il a perdu ses forces, il est considérablement amaigri et ses crises gastriques intolérables nécessitent de nombreuses piqûres de morphine, surtout la nuit, piqûres qui ne le calment que médiocrement. Nous avons assisté à ces crises où il se tordait en hurlant sur son lit. Il est soumis au traitement qu'il a déjà suivi lors de son premier séjour dans le service : bismuth, 10 grammes par jour, potions contre les vomissements et les douleurs, chlorate de soude à haute dose, une série de quinze injections intramusculaires de cyanure de mercure et une autre série de quinze injections d'hectine ; le tout sans résultat appréciable.

L'examen clinique du malade, corroboré par la radioscopie pratiquée à deux reprises, fait conclure à une tumeur siégeant à l'une des faces de l'estomac. Contre ce néoplasme de l'estomac, on pense alors à employer le Sélénium colloïdal. La première injection — intraveineuse — de Sélénium est faite le 15 août 1912. Une heure après, B... ressent au creux épigastrique une douleur assez vive, vite calmée par la morphine. Dès le soir même, il constate un changement, une véritable transformation des douleurs qui sont sensiblement atténuées. Une deuxième injection est faite le 17 août et une troisième deux jours après. Pendant cette première semaine, les caractères habituels des crises gastriques disparaissent ; B... reprend de l'appétit et ne vomit guère. La semaine suivante, il reçoit trois autres injections de Sélénium à deux jours d'intervalle chacune, à la suite desquelles l'amélioration très nette s'accentue ; il redevient gai, confiant, dort paisiblement. Il souffre encore de temps en temps de l'estomac, a quelques vomissements alimentaires, mais ces douleurs sont vagues ; les crises gastriques, le syndrome gastralgique de son affection, n'existent pour ainsi plus. Après une semaine de repos, nouvelle série de quatre injections, mais cette fois intramusculaires, dans la fesse (une injection de Sélénium tous les deux jours). Cela nous conduit au 15 septembre.

Depuis, le traitement par le Séléniol a été continué, et au mois d'octobre « l'état général du malade était considérablement amélioré. Avant le traitement il ne pouvait supporter que le régime lacté, à peine mitigé, et n'obtenait des médications habituellement prescrites pour une affection gastrique de ce genre qu'un soulagement illusoire. Après le traitement, d'affaibli et amaigri qu'il était, il reprend des forces et du poids, et s'alimente à peu près normalement ; le régime ordinaire de l'hôpital lui convient, il mange même avec appétit viande et corps gras sans douleurs après les repas, sans aucun trouble dyspeptique. Il se trouve tellement bien qu'il veut quitter l'hôpital pour reprendre son travail, se croyant guéri. »

Et les auteurs concluent : « Si de temps en temps une douleur survient, l'injection de Séléniol sera le calmant indiqué, dont l'accoutumance semble moins facile que pour la morphine et les autres hypnotiques et dont l'innocuité, même à haute dose, est pour ainsi dire absolue, et après ce succès thérapeutique on est en droit de considérer le Séléniol comme une nouvelle arme précieuse et peut-être la meilleure jusqu'ici contre les graves affections cancéreuses. »

Le D^r De Groote (de Nice) a traité le cas suivant :

Homme de soixante-dix ans, malade , depuis un ans et demi, douleur au niveau de l'épigastre, cachexie, téguments couleur jaune-paille ; le malade ne se levait plus, ne s'alimentait plus que de bouillon dégraissé, toute autre alimentation étant vomie. A l'examen, on sent une masse dure et douloureuse, occupant toute la face antérieure de l'estomac. Quelques jours après que j'ai vu le malade, apparition de vomissements marc de café extrêmement abondants qui l'affaiblissent de façon inquiétante. Le traitement par les injections de Séléniol est alors commencé ; le malade étant à la campagne, très loin de la ville, je ne puis suivre le traitement, qui est fait par son fils. Au bout de trois mois et demi de traitement, l'état est le suivant : disparition des hématémèses, des vomissements glaireux et alimentaires, disparition des douleurs ; retour de l'appétit et des forces, le malade se lève et s'occupe. Aucun autre traitement n'a été adjoint.

L'amélioration des cancers de l'estomac par le Séléniol est rapide la plupart du temps, comme l'indique le Dr Rozet : « Femme de cinquante-quatre ans, anémiée, victime d'un vomissement noirâtre, il y a deux mois, ce qui avait fait diagnostiquer un néoplasme de l'estomac.

« Quand je l'ai vue, le fait n'était plus douteux, on sentait une masse mamelonnée aux environs du pylore sur la grande courbure ; après les seize jours de traitement, son état s'améliore et surtout cette masse néoplasique de l'estomac, qui était assez diffuse, commence à s'agglomérer ».

Le Dr Dubos (de Mont-de-Marsan) l'a employé dans deux cas : le premier était un cas désespéré du cancer de l'estomac où le Séléniol n'a pas pu arrêter le mal, mais a calmé complètement la douleur jusqu'à la fin. Depuis, il l'a employé chez une femme atteinte de cancer de l'estomac. « Elle rendait tout ce qu'elle prenait et, de l'avis de plusieurs médecins, tout traitement était inutile et elle n'avait plus que quinze jours à vivre.

« Depuis deux mois, sous l'influence du Séléniol, les vomissements sont arrêtés et son état s'améliore de jour en jour. »

6. — *CANCERS DU PYLORE ET DE L'INTESTIN*

Observation du Dr Guignot (d'Avignon) :

Néoplasme du pylore : troubles dyspeptiques intenses, le malade ne digère rien, vomissements, douleurs très violentes, amaigrissement et asthénie complète. Le chirurgien qui me l'adresse déclare ce cas inopérable. Après quatre injections de Séléniol intraveineuses tous les trois jours, changement à vue : le malade dort, ne souffre plus, ses forces reviennent et il déclare vouloir reprendre ses occupations assez fatigantes.

Dans les cancers de l'intestin, on obtient des résultats analogues, tels par exemple un cas cité par le Dr Trémolières de tumeur iléocœcale chez une vieille femme de soixante-dix ans ; il a noté, outre un relèvement manifeste de l'état général, la diminution très évidente du volume de la tumeur.

Le Dr Richard a vu un homme traité pour récidive de cancer de l'intestin après intervention, et chez qui, après sept mois de traitement, la tumeur, qui était volumineuse, a fondu, l'état général s'est relevé au point que les injections ont été momentanément suspendues.

7. — *CANCERS DU RECTUM*

Observation du Dr Gascuel (de Paris) (1) :

Il y a trois mois, M. P..., rentier, soixante et un ans, habitant la banlieue Ouest, m'est adressé pour cancer du rectum. On a opéré des hémorroïdes, il y a deux ans, chez ce malade ; depuis, les défécations sont devenues très pénibles, bien que l'examen ne révèle point de rétrécissement cicatriciel. A peine introduit, le doigt rencontre des masses indurées et dans le bassin une vaste induration occupe toute la région latérale gauche presque jusqu'à l'ombilic. Le malade, très amaigri, doit se garnir constamment, car il existe un écoulement constant par l'anus d'un liquide fécaloïde. Toute l'aine gauche est occupée par une masse indurée de couleur lie de vin où l'on ne peut différencier les divers ganglions, mais où deux orifices, l'un dans l'aine, l'autre à la partie supérieure de la cuisse, laissent suinter un liquide d'aspect louche.

____

(1) *Soc. méd. des Hôpitaux*, 1er mars 1912.

Un traitement général et quelques injections d'eau de mer isotonique avaient bien légèrement amélioré la situation, les selles étaient devenues un peu moins douloureuses, mais les écoulements de la masse ganglionnaire étaient toujours aussi abondants, quand le 29 janvier nous pratiquons une première injection de Sélénium A colloïdal électrique (procédé André Lancien). La première injection de 3 centimètres cubes est pratiquée dans les muscles de la région fessière droite. Après cette injection, il reste un peu de douleur locale, mais contrairement à ce qu'ont observé MM. Thiroloix et Lancien (*Société médicale des hôpitaux de Paris*, 16 février 1912), l'injection ne provoque pas de mouvement fébrile. Le 5 février une deuxième injection de 3 centimètres cubes est moins douloureuse. Celles du 12 et du 19 février sont parfaitement supportées, et dès ce jour (19 février), c'est-à-dire *trois semaines* après la première injection, les orifices de la masse ganglionnaire sont tous obstrués. La masse qui occupait toute la région inguinale gauche a beaucoup diminué de volume. Dans le bassin on sent encore une large induration, mais sensiblement moins haute que lors de l'examen du 29 janvier, un palper profond permet d'en mieux déterminer la forme. Au point de vue fonctionnel, les selles sont plus régulières, moins pénibles, et c'est plus par habitude que par nécessité que le malade se garnit.

En résumé, trois injections intramusculaires de Sélénium A colloïdal électrique (procédé André Lancien) ont nettement tari les masses ganglionnaires qui accompagnent la tumeur rectale.

Il faut attendre pour juger de l'effet produit sur la tumeur elle-même.

Cette observation est à rapprocher de celle du Dr Frère (du Quesnoy) dont voici la conclusion :

« L'amélioration constatée au début se maintient et augmente régulièrement. A noter la diminution nette des écoulements glaireux et sanieux, la diminution des douleurs et l'assouplissement du canal permettant le passage du doigt auparavant impossible. »

8. — *CANCERS DE L'UTÉRUS*

Observation du Dr Jouquan (de Saint-Nazaire) :

J'ai utilisé avec un résultat surprenant le Séléniol sur une de mes malades atteinte de cancer utérin très avancé. Dès la première injection, les métrorragies qui épuisaient cette femme depuis deux ans ont presque immédiatement cessé ; à la deuxième injection, aucune perte rouge ; deux autres injections ont été faites de trois en trois jours ; la malade n'a plus aucune douleur depuis la première injection, et n'a revu aucune perte rouge.

L'exploration de la tumeur n'est presque plus douloureuse et ne provoque aucun écoulement sanguin.

Le Dr Dubarry (de Tarbes) signale un cas à peu près analogue.

Malade atteinte de cancer de l'utérus, grosse masse néoplasique, que les chirurgiens de Bordeaux n'ont pas voulu opérer et qui depuis six mois environ reste stationnaire. J'ai fait une injection intramusculaire dans la région fessière tous les quatre jours ; la malade, qui est toute jeune (trente-quatre ans), a fort bien supporté le traitement. L'état général est très bon et les douleurs, qui étaient devenues intolérables, ont sensiblement diminué.

PHARMACOLOGIE & POSOLOGIE

Le Séléniol peut être employé sous 2 formes différentes : ampoules et capsules. Les *ampoules* contiennent 3 centimètres cubes d'une solution brune, limpide sous faible épaisseur, peu dichroïque, de teinte très foncée, par suite de la teneur élevée en Sélénium (2^{gr},20 par litre). Cette solution est stable (absence de dépôt), isotonique, et ne contient pas de stabilisant organique (absence de mousse persistante par agitation).

La dose est variable selon les cas, mais aucun phénomène d'intoxication ne viendra en limiter l'emploi au point de vue quantité ou durée. On peut aller de 3 centimètres cubes tous les quatre à cinq jours, à 6 et 9 centimètres cubes par jour, bien que ces hautes doses ne paraissent pas nécessaires, et un traitement beaucoup moins intensif étant en général suffisant pour donner de bons résultats comme on l'a vu dans les observations.

Les *capsules* sont kératinisées et dosées à un dixième de milligramme de métal.

On les prescrira à la dose de 6 à 8 par jour, pour compléter le traitement par les injections ; au cas où les injections ne seraient pas acceptées par le malade, on ordonnera 10 à 12 capsules par jour jusqu'à amélioration des symptômes.

Préparations des Laboratoires Couturieux

1° *FERMENTS ORGANIQUES ET DÉRIVÉS*

LEVURINE EXTRACTIVE. La *Levurine Extractive* présentée en 1899 à l'Académie de médecine est un extrait total de levure de bière obtenu à basse température ; elle contient exactement tous les principes qui constituent le protoplasma de la levure, toxines et ferments auxquels elle doit son activité (Fernbach, *C. R. Acad. des Sciences*, 23 août 1909).

Elle représente la forme la plus active et la plus pratique du traitement des affections de la peau, de la dysenterie, de la grippe, des angines, etc.

La *Levurine Extractive* se présente en petits comprimés de $0^{gr},30$ représentant chacun une cuillerée de Levure fraîche.

Le flacon de 50 comprimés se vend en France **5** francs.

LEVURINE BRUTE. La *Levurine brute* est une poudre granulée obtenue à basse température par dessiccation d'une levure spécialement cultivée et portée à son maximum d'activité thérapeutique.

C'est la première levure introduite en thérapeutique : elle a été présentée à l'Académie de médecine de Paris par le professeur Lancereaux, le 25 juillet 1899. Elle est adoptée par les Gouvernements Français (Marine) et Hollandais (pour les colonies).

Le flacon de 80 grammes se vend en France **5** francs.

LACTIMASE. La *Lactimase* est un ferment lactique obtenu par culture en symbiose du gros bacille Bulgare et d'une levure spéciale qui augmente sa vitalité et son activité.

Elle est indiquée dans toutes les affections intestinales, auto-intoxications, diarrhée des nourrissons, entérites, etc.

Le flacon de 40 comprimés se vend en France **5** francs.

ŒNASE. L'*Œnase* est une levure de vin desséchée à basse température ; son action est analogue à celle de la levure de bière et agit mieux chez les malades atteints de dyspepsies, d'atonie du tube digestif et surtout de diabète.

Le flacon de 40 comprimés (à $0^{gr},50$) se vend en France **5** francs.

CIDRASE. La *Cidrase* est une levure de cidre desséchée à basse température au moment de sa pleine vitalité.

D'une action analogue à celle des levures précédentes elle est cependant préférable chez les arthritiques, les rhumatisants, etc.

Le flacon de 40 comprimés (à $0^{gr},50$) se vend en France **5** francs.

CYTULINE. La *Cytuline* est une solution injectable (ampoules de 3 centimètres cubes) contenant les principes actifs de la levure de bière associés à des nucléines. S'emploie comme médication anti-infectieuse dans les affections chroniques (cancer surtout). Elle provoque un relèvement manifeste de l'état général, un retour des forces et de l'appétit, une augmentation de poids.

La boîte de 4 ampoules (de 3 centimètres cubes) se vend en France **10** francs.

BROMIASE. La *Bromiase* est un mélange de Bromure de Potassium ($0^{gr},30$), de Bromure d'Ammonium ($0^{gr},20$) et de Levurine Extractive ($0^{gr},10$) en capsules kératinisées et solubles seulement dans l'intestin. Sous cette forme la tolérance pour le Bromure devient considérable.

Particulièrement indiquée dans l'épilepsie (Drs Hartenberg et L. Mayet).

Le flacon de 40 capsules se vend en France **5** francs.

IODURASE. L'*Iodurase* est un mélange d'Iodure de Potassium pur (0^{gr},50 par capsule) et de Levurine Extractive (0^{gr},10). Les capsules kératinisées ne se dissolvent que dans l'intestin.

C'est la préparation d'iodure la plus facile à prendre et la mieux tolérée grâce à lenr obage et à la Levurine qui atténue dans une très grande mesure les phénomènes d'iodisme.

L'Iodurase a toutes les applications de l'iodure.

Le flacon de 36 capsules se vend en France **5 francs**.

2° *MÉTAUX COLLOÏDAUX ÉLECTRIQUES*

LANTOL. Le *Lantol* injectable se vend en boîtes de 4 ampoules de 3 centimètres cubes et en flacons de 15 centimètres cubes (solution concentrée) à **6 francs** en France.

Les capsules se vendent en flacons de 40 capsules au prix de **6 francs**.

SÉLÉNIOL. Le *Séléniol* se vend en boîtes de 4 ampoules de 3 centimètres cubes à **15 francs** en France.

CUPRION. Le *Cuprion* est du Cuivre colloïdal électrique à employer en injections intra-musculaires ou intra-veineuses dans le traitement du cancer où il provoque des réactions de catalyse sur les métastases et augmente la résistance organique.

En France la boîte de 4 ampoules de 3 centimètres cubes se vend **10 francs**.

NICKELION. Nickel colloïdal électrique à employer en injections intra-musculaires ou intra-veineuses contre les phénomènes toxiques provoqués soit par des toxines microbiennes, soit par des toxines provenant d'auto-intoxications.

La boîte de 4 ampoules de 3 centimètres cubes se vend en France **10 francs**.

ARGOLION. Argent colloïdal électrique à grains extrêmement fins et parfaitement égaux à employer dans les septicémies comme le Lantol.

S'emploie en injections intra-musculaires ou intra-veineuses.

La boîte de 4 ampoules de 3 centimètres cubes se vend en France **6 francs**.

ARSENION. Arsenic colloïdal électrique d'une toxicité beaucoup moindre que les Arsenicaux organiques. Son activité est considérable.

On l'emploiera dans la scrofule, le lymphatisme, la tuberculose, les ostéo-myélites, etc.

Se vend en boîtes de 4 ampoules de 3 centimètres cubes au prix de **10 francs** en France.

IODOLION. L'*Iodolion* est de l'Iode colloïdal électrique injectable, parfaitement indolore et qui a été employé dans le traitement de certaines affections aiguës, telles que la méningite, et dans la tuberculose. Il est aussi destiné à remplacer les combinaisons iodées organiques dans la plupart de leurs applications.

La boîte de 4 ampoules de 3 centimètres cubes se vend en France **10 francs**.

HYDRARGYRION. Mercure colloïdal électrique à grains très fins et par conséquent parfaitement indolore, très bien résorbé en injections intra-musculaires, ayant toutes les indications du mercure sous ses autres formes et qui y joint l'action anti-toxique de tous les colloïdes.

La boîte de 4 ampoules de 3 centimètres cubes en France **6 francs**.

FER-ION. Fer colloïdal électrique injectable, indolore, à employer en injections intra-musculaires ou intra-veineuses.

Il provoque une augmentation des globules rouges chez les anémiques, chlorotiques, convalescents, etc....

Se vend en France en boîtes de 4 ampoules de 3 centimètres cubes, **6 francs** la boîte.

COLLARGOL COUTURIEUX. Argent colloïdal chimique qui a été la première préparation de ce genre utilisée en thérapeutique. S'emploie en injections intraveineuses ou en pommade, surtout chez les enfants.

Se vend en boîtes de 3 ampoules de 5 centimètres cubes, 5 francs en France, et la pommade en flacons de 15 centimètres cubes au prix de **5 francs**.

3° *PRÉPARATIONS DIVERSES*

HERACLÉINE. Pilules dragéifiées qui contiennent les extraits des plantes ayant l'action la plus efficace contre l'atonie du système nerveux. Ne contient ni cantharide, ni excitant, ni produits toxiques, c'est une préparation inoffensive.

Le flacon de 30 pilules se vend en France **6 francs**.

HUILE BIIODURÉE. Contient 4 milligrammes de bi-iodure de mercure par centimètre cube (formule Panas). Cette préparation est parfaitement stable et il ne s'y produit jamais de dépôt de sel. Elle est très bien tolérée dans le traitement intensif de la syphilis.

Le flacon de 30 grammes se vend en France **5 francs**.

PANGLANDINE. Extrait glandulaire complet pour remédier aux insuffisances de fonctionnement des glandes à sécrétion interne ; médication basée sur ce principe que l'insuffisance d'une glande entraîne en général la fatigue des autres et souvent leur insuffisance.

Se présente en comprimés de 0^{gr},20 au prix, en France, de **6 francs** la boîte.

PILULES SPASMA. Les pilules Spasma sont à base d'héroïne et d'extraits de solanées. Elles ont pour but de lutter avec le maximum d'efficacité contre la toux, de quelque nature qu'elle soit, mais non de traiter une affection pulmonaire quelconque. Dans tous les cas elles procurent une amélioration notable.

POLYFORMIATE. Le *Polyformiate* est un mélange de formiate de chaux, de soude, de magnésie et de fer. L'acide formique est un tonique musculaire qui détruit les toxines de la fatigue et ses combinaisons salines sont des sels très assimilables et par conséquent des *reminéralisateurs* de premier ordre.

Se vend en France au prix de **5 francs** le flacon de 100 comprimés.

THYROIDINE. Extrait de corps thyroïde desséché dans le vide ayant gardé toute l'activité du corps thyroïde frais ; l'excipient employé est le chocolat qui évite l'action de l'air et permet une conservation indéfinie. Cette présentation rend l'emploi très facile chez les enfants en particulier.

La boîte de 24 pastilles dosées à 0^{gr},05 se vend en France **5 francs**.

COMPRIMÉS FÉBRIFUGES OU ANTIPALUDIQUES. A base de méthylarsinate triple de quinine, soude et fer, associé à la noix vomique. Possède une action intense contre les phénomènes fébriles et particulièrement la grippe, le paludisme, les névralgies tenaces, etc.

Le flacon de 40 comprimés se vend en France au prix de	**4 fr.**	»
Le tube de 24 — —	**2 fr.**	**50**
Le tube de 12 — —	**1 fr.**	**50**

SEL DOUBLE. Bicarbonate double de soude et de magnésie ; même pouvoir de saturation que le bicarbonate de soude mais se décompose lentement en dégageant peu à peu son acide carbonique.

Réalise le meilleur traitement de l'hyperchlorhydrie et remédie à l'atonie de l'intestin.

Le flacon de 100 grammes de granulé se vend en France	**4 fr.**	**50**
La boîte de 30 cachets —	**4 fr.**	**50**

IMPRIMERIE CRETÉ
CORBEIL (S.-ET-O.).